計算の前の動作モード切り替え

■ 通常計算モード

fx-JP500　MENU 1
EL-509T　HOME

■ 自然表示入力・小数表示モード

fx-JP500　SETUP 1 2
EL-509T　SETUP 2 0 1

■ 浮動小数点自動切り替え（Norm）モード

fx-JP500　SETUP 3 3 1
EL-509T　SETUP 1 4

■ カンマ表示（fx-JP500）

fx-JP500　SETUP ↓ ↓ 3 1
EL-509T　設定不要

JN136470

■ 角度モード

	deg モード	rad モード
fx-JP500	SETUP 2 1	SETUP 2 2
EL-509T	SETUP 0 0	SETUP 0 1

■ 困ったら完全リセット

fx-JP500　SHIFT 9 3 =
EL-509T　2ndF ALPHA 2 0　もしくは，裏面のリセットスイッチ

大学生・エンジニアのための

関数電卓

活用ガイド

遠藤雅守［著］ Masamori Endo

森北出版

まえがき

関数電卓は，高等専門学校や大学の理工系学部に入ると必ず必要になるものです．加えて，仕事で突然関数電卓を使うことになった社会人の方や，各種試験で関数電卓の使い方を学ぶ必要が生じた方もいらっしゃるでしょう．本書はそういった方々のために書かれたもので，基本的な使い方から各種関数，そしてかなり高度な使用法までが自習できるように工夫されています．とくに心を砕いたのは「関数の意味」についての記述で，関数電卓を使うには，まず関数を熟知してほしいという気持ちが込められています．

ただし，関数電卓の機能のうち，「統計」や「回帰分析」などの使い方については省略しています．パソコンがこれほど身近になった現代では，多数のデータを入力してその分析を行う計算は，パソコンで行うべきだと考えるからです．『だったら，全部パソコンでやってしまえばよいのではないか』と思われるかもしれませんが，関数電卓にはさっと取り出してすぐ計算ができる，という大きな特徴があります．そして，職業として科学・技術に携わる人にとって，そのような計算を行う機会は数限りなくあります．現在でも，大学では関数電卓を取り入れた教育を積極的に行っていますが，それは社会に出てから役に立つからなのです．

「原子力の父」とよばれたエンリコ・フェルミは計算尺の達人として知られ，初の原子炉を計算尺１本で設計したともいわれています．アラモゴードで行われた初の原子爆弾の実験の際，彼は１枚の紙を爆風で飛ばしました．そして計算尺を取り出し，飛距離から爆発のエネルギーを正確に当ててしまったという逸話があります．有名な物理学者のリチャード・ファインマンは暗算が大変得意で，近似公式と対数を駆使して難しい問題をスラスラと解き，周囲を驚かせていたようです．

その当時，三角関数や指数・対数を行う能力のある計算機は体育館を占領するほどの大きさでしたが，いまではポケットに入る大きさになりました．現代の関数電卓は，かつては天才たちの専売特許であった「複雑な問題の近似解をその場で計算する」ことを誰にも可能にする，魔法のツールなのです．研究者，エンジニアをはじめとする理工系の職業人にとって，関数電卓は自らの頭脳の延長といってもよいものです．本書を読まれた皆さんが，関数電卓のもつポテンシャルを十分に引き出し，延長された頭脳を武器に活躍されることを願ってやみません．

本書の企画にあたり，大変ご苦労いただいた森北出版の宮地亮介氏に御礼を申し上げます．計算のチェックは，研究室の学生諸君に手伝ってもらいました．彼等の努力に謝意を表します．

2018 年 8 月　　　　著　者

目　次

コラム目次

Chapter 01
関数電卓を手に入れる

本書の最終目的は，貴方が自分の関数電卓を，自身の学業や業務で使いこなせるようになることです．一方で，世に出ている関数電卓は多種多様で，しかもその操作方法は機種ごとに異なります．そこで本書は，なるべく詳細で具体的な解説が可能なように，対象とする機種を CASIO fx-JP500 と SHARP EL-509T の 2 機種に限定しました．

本章は，まず関数電卓の種類について解説し，ついで，本書で選んだ 2 機種について，なぜ選んだのかの理由とともに，特徴や機能の概要について述べます．

1.1 ••• 関数電卓を選ぶ

現在，日本では複数のメーカーから数十機種もの関数電卓が販売されています．また最近では，スマートフォンの関数電卓アプリをダウンロードして使うことも当たり前になってきました．これらの関数電卓は，操作方法・表示方法で以下の 3 種類に大別できます．

1. 「標準電卓」方式
2. 「数式通り」方式
3. 「自然表示」方式

図 1.1　左：「標準電卓」タイプの関数電卓（Canon F-605G）
右：「数式通り」タイプの関数電卓（CASIO fx-290N）

図 1.1 左は，代表的な「標準電卓」方式の関数電卓の写真です．「標準電卓」方式は，関数電卓の黎明期からの**ユーザーインターフェース（UI）**（→1.3 節）を守り続けています．当時は技術が未発達だったので，表示は **7 セグメント**（→1.3 節）の数字のみです．したがって，sin や cos などの関数は入力しても表示されません．操作方法は，この後説明する「数式通り」,「自然表示」とは大きく異なります．$\sin 30^\circ$ の計算を例にとると，以下のような違いがあります．

標準電卓 30 [sin]
数式通り，自然表示 [sin] 30 [=] 答：0.5

「標準電卓」は,「関数のボタンを押すと，表示されている数値を**引数**（→1.3 節）として，ただちに関数の計算を行う」というルールです．したがって，簡単な計算なら入力は早いのですが，計算が複雑になってくると間違えずに入力することが難しくなってきます．

図 1.1 右は，代表的な「数式通り」方式の関数電卓の写真です．「数式通り」は，世代的には「標準電卓」の後に登場しました．表示は 2 段になっていて，上の段には入力した計算式が，下の段にはその結果が表示されます．特徴は，数式を見た目のとおりに打ち込み，最後にイコールで解を得る入力方式が採用されたことです．複雑な数式も間違えずに入力できるようになりましたが，関数の計算には括弧を使う必要があり，打鍵数が増えるきらいがあります．そのため，いまでも「標準電卓」を好んで使うユーザーは一定数います．

ただし,「数式通り」電卓も，あらゆる数式を数式通りに打てるとは限りません．代表例が分数です．たとえば，

$$\frac{1+2}{3+4} \tag{1.1}$$

という計算は，

数式通り [(] 1 [+] 2 [)] [÷] [(] 3 [+] 4 [)] [=] 答：0.428571428

と，括弧と割り算を使って入力する必要があります．

技術の進歩により，**ドットマトリクス**（→1.3 節）の液晶が安価に製造できるようになり，登場したのが「自然表示」タイプです．代表的な 2 機種の写真を図 1.2 に示します．基本的な操作は「数式通り」と同じですが，最大の特徴は**分数キー**です．分数キーを使えば，式 (1.1) の計算は

自然表示 [$\frac{\square}{\square}$] 1 [+] 2 [↓] 3 [+] 4 [=] 答：$\frac{3}{7}$

のように直感的で，表示も数式どおりに出ます（図 1.3）．また，分数で表現できる解が分数で表示されるのもこのタイプの特徴です．現在では，この「自然表示」タイプが，かつての「数式通り」のシェアをまるごと奪う形で普及が進んでいます．

図 1.2 「自然表示」タイプの関数電卓（左：CASIO fx-JP500，右：SHARP EL-509T）

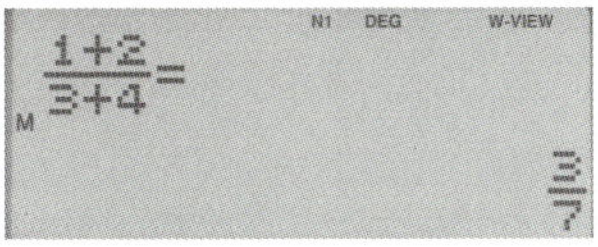

図 1.3 「自然表示」タイプの分数表示機能

基本的な加減乗除なら，現在入手できるどの関数電卓でも操作は変わりません．しかし，たとえばメモリーを使う，角度モードを切り替えるといった操作になると，メーカーや機種ごとにバラバラです．これらを，異なる機種ごとに一つ一つ解説するのは大変な労力です．そこで，本書では思い切って，使用する関数電卓を 2 機種に絞りました．

以降，本書では，図 1.2 の CASIO fx-JP500 と SHARP EL-509T の 2 機種に絞ってその使い方を解説します．どちらも，本書刊行時点の最新モデルで，「自然表示」タイプです．一方，現在入手可能な関数電卓は，「自然表示」タイプだけに絞っても 10 機種以上あります．あえて上記の 2 機種に絞った理由は，これら 2 機種が，それ以前のモデルとは設計思想が少し異なり，それゆえに操作方法も旧モデルとは一部異なるためです．「線引き」をする理由には十分でしょう．

これから本書で関数電卓を学ぼうとする方は，すでにほかのモデルの関数電卓をお持ちの方でも，ぜひこれらのモデルを買い求めることをお勧めします．幸い，いまでは関数電卓の実売価格は 2,000 円程度です．科学者，エンジニアの「頭脳の延長」ともいえる武器に対する投資としては安いものではないでしょうか？

また，fx-JP500 と EL-509T には，より高度な計算ができる上位機種も存在します．しかし，本書で解説する機能は，すべてもっとも廉価な上記 2 機種に備わっているものです．

1.2 ••• 各部名称と機能

ここからは，上述の関数電卓を手に入れてから進めることにしましょう．まずは関数電卓の各部名称・機能について説明します．図 1.4 は，fx-JP500 と EL-509T の外観と各部名称です．両機は，見た目こそ違いますが，備えられた機能は驚くほどよく似ています．やはりライバルメーカーですから，一社が新機能を取り入れると，他社もすぐ追従するためでしょう．

まず，両機に共通の，全体の配置から見ていきます．本体上部の液晶画面は**表示部**です．そして，そのすぐ下にあるのが**ファンクションエリア**です．ファンクションエリア中央には**十字キー**または**矢印キー**があります．ファンクションエリアの下は**置数・演算子エリア**です．

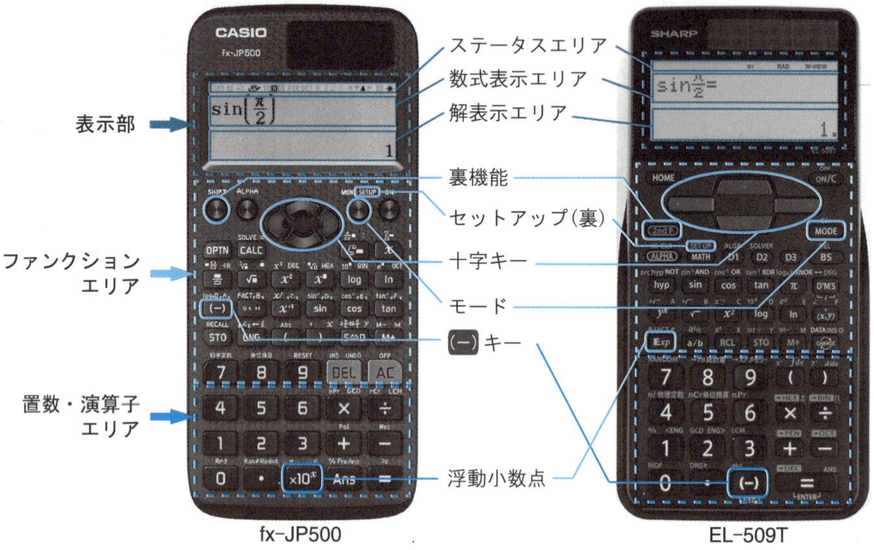

図 1.4　関数電卓の各部名称

表示部には数式と解が表示されますが，最上部は**ステータスエリア**といって，関数電卓の現在の動作状態（**モード**）を示します．記号の意味は，関連する機能が登場したときに説明します．以降，本書では，fx-JP500 のキーを青色，EL-509T のキーを**黒色**，両機共通の刻印のキーを藍色で示します．

いくつか，重要なキーを探しておきましょう．まずは SHIFT（fx-JP500）または 2ndF（EL-509T）キーです．これらは，主に**裏**（→1.3 節）の機能を呼び出すときに使います．裏機能とは，キーの上側にオレンジ色の文字で記されている機能です．次に，MENU（fx-JP500）または MODE（EL-509T）キーを探してください．これらは，n 進計算や複素数などの特殊な計算を行うモードに切り替えるキーです．

次に，SETUP を探してください．両機とも SETUP は裏にあります．角度モード，表示，入力方式などをここで切り替えます．最後に，$\times 10^x$（fx-JP500）または Exp（EL-509T）

キーと，(−) キーを探してください．これらは，**負数**と**浮動小数点**（→1.3 節）を入力する際に使う特別なキーです．両機種で，ちょうど場所が入れ替わっていますね．

以上で，関数電卓の機能と名称についての簡単な説明は終わりです．以降，文章中では，両機のキーの刻印が異なる場合には，MENU MODE のように並べて表記するようにします．**表** 1.1 に，主な違いを列挙しておきました．

表 1.1　fx-JP500 と EL-509T で名称や刻印が異なるキー一覧

機　能	fx-JP500	EL-509T	備　考
クリア	AC	on/C	
1 文字消去	DEL	BS	
モード切り替え	MENU	MODE	
裏機能呼び出し	SHIFT	2ndF	
分数	$\frac{\square}{\square}$	a/b	
分数・小数切替	S⇔D	CHANGE	詳しくは第 2 章で解説.
浮動小数点	$\times10^x$	Exp	fx-JP500 は置数エリア，EL-509T はファンクションエリア.
負号	(−)		刻印は両モデル共通．fx-JP500 はファンクションエリア，EL-509T は置数エリア.
CALC 機能	CALC	ALGB	数式登録・連続実行．詳しくは第 6 章で解説.
累乗	$x^{\blacksquare}$	y^x	
10 の指数	$10^{\blacksquare}$	10^x	
指数関数	$e^{\blacksquare}$	e^x	
累乗根	$\sqrt[\blacksquare]{\square}$	$\sqrt[x]{\ }$	
平方根	$\sqrt{\blacksquare}$	$\sqrt{\ }$	
3 乗根	$\sqrt[3]{\blacksquare}$	$\sqrt[3]{\ }$	
度分秒	° ′ ″	D°M′S	詳しくは第 7 章で解説.

fx-JP500 と EL-509T で異なる機能をまとめたものが**表** 1.2 です．fx-JP500 の OPTN キーで提供されている機能は，EL-509T では別のキーに割り当てられています．一方，表中の EL-509T にのみ存在する機能は，fx-JP500 には存在しません．

表 1.2　fx-JP500 と EL-509T で異なる機能

機　能	fx-JP500	EL-509T	備　考
機能登録	なし	D1 D2 D3	関数や機能などを登録することができる.
ホームキー	なし	HOME	どの状態からでも通常計算モードに戻れる.
リセットスイッチ	なし	裏面	電卓の状態をすべてリセットする.
各種オプション	OPTN	なし	fx-JP500 の逆三角関数（第 4 章）．複素数モードでも活用（第 10 章）．角度単位切り替えも可能.

1.3 ・・・ 用語の説明

本章では，いくつかの耳慣れない言葉が出てきました．以降も登場するので，ここでまとめて解説します．

✓ **ユーザーインターフェース（UI）**

関数電卓と操作者が情報をやりとりする方法を，ユーザーインターフェース（UI）とよびます．いままで見てきたように，関数電卓の UI は，その時代の最先端の技術を使って，より直感的に，わかりやすいように進化してきました．現在の「自然表示」タイプは，「関数電卓」という道具の一つの到達点といってよいものでしょう．

✓ **浮動小数点，固定小数点**

たとえば 256.7 という数値を，「2.567×10^2」と表記する方法が「浮動小数点」，256.7 と表記するのが「固定小数点」です．浮動小数点の入力には専用のキーを使います．

✓ **引数**

関数に与える数値を「引数」とよびます．sin(30°) なら，「30°」が引数になります．CASIO，SHARP の関数電卓は，引数に関するルールが少し違います．

✓ **「表」と「裏」**

キーに刻印されている数値や機能を「表」，キーの上に刻印されている機能を「裏」とよびます．関数に関していえば，多くの関数とその逆関数が「表」と「裏」にペアで割り当てられています．たとえば，**sin** キーの裏は **sin⁻¹**（逆三角関数）です．

✓ **7 セグメント**

電卓や，ほかの電子機器で数字を表示する方式の一つで，日の字型の，7 つの画素（セグメント）の組み合わせで数字を表します（図 1.5）．デジタル時計が代表選手でしょうか．安価に製造できるため，低価格な電子機器に使われますが，最近では後述するドットマトリクス表示機の部品が安くなってきたため，姿を消しつつあります．

✓ **ドットマトリクス**

小さな点（ドット）の集合で情報を表す表示方式です（図 1.6）．電卓などは，5×7 ドットで 1 文字を表し，英数字しか表示できません．fx-JP500 は，従来機より多くのドットを使って文字を表示するため，文字が美しく見えるようになり，漢字も使えるようになりました．

図 1.5　7 セグメント

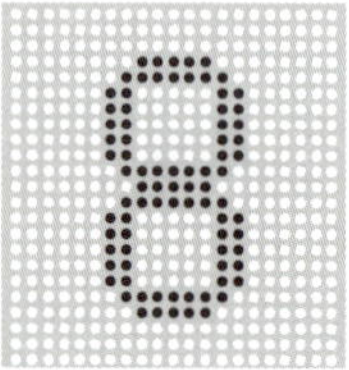

図 1.6　ドットマトリクス

Chapter 02
基本の操作

関数電卓の UI は直感的なので，マニュアルを読まないでもある程度は使えてしまえます．しかし，学生諸君が関数電卓を使っているのを見ると，正しい使い方を知らないために大変な遠回りをしていることがよくあります．まずは何事も基本から．関数電卓を買ったら，最初に覚えるべきいくつかの操作について説明します．

2.1 ••• 電源を入れる

関数電卓を手にして，まず始めに押すボタンが**電源**です．fx-JP500 と EL-509T の電源ボタンの位置を図 2.1 に示します．EL-509T は，クリアキー **on/C** と共通です．電源 off はどうするかというと，一応，機能としては備わっていますが，これを使う必要はありません．両機とも，しばらく使わないと電源が off になる設計になっており，しかも，内蔵電池と太陽電池の併用で，電池寿命は 10 年をはるかに超えます．

fx-JP500

EL-509T

図 2.1　電源ボタン

2.2 ••• 初期状態を作る

関数電卓をいじっていて，時々困るのが「普通の計算ができない」状態になってしまうことです．意図せず n 進や統計モードに入ってしまうわけですが，こういう場合にとにかく初期状態に戻る方法をまず覚えましょう．コマンドは fx-JP500 と EL-509T で違います．よっぽど，「元に戻らない！」という苦情が多かったのでしょうか．EL-509T には専用の「一般計算モードに戻る」ボタンが装備されました．

■ 初期状態へ戻す

fx-JP500 ▶ **MENU** **1**

EL-509T ▶ **HOME**

ただし，上の操作では，関数電卓の入力・表示モード，角度モードなどはリセットされません．関数電卓を完全な初期状態に**リセット**するコマンドもここで覚えておきましょう．EL-509T は，キー操作でもリセットができますが，裏面にリセットスイッチが装備されてい

図 2.2　EL-509T のリセットスイッチ

ます（図 2.2）.

■ 完全な初期状態にする

fx-JP500　SHIFT 9 3 =

EL-509T　2ndF ALPHA 2 0　もしくは，裏面のリセットスイッチ

2.3 ••• 入力方法と表示方法の設定

次に，関数電卓の入力方法と表示方法を設定します．これらは好みで決めてもよいのですが，新世代の「自然表示」電卓の機能を十分活用し，かつ「科学者・技術者の頭脳の延長」を使用目的とするなら，「**自然表示入力・小数表示**」モードがもっともふさわしいものです．設定方法は以下のとおりです．

■ 自然表示入力・小数表示モードの設定

fx-JP500　SETUP 1 2

EL-509T　SETUP 2 0 1

SETUP はそれぞれ MENU（fx-JP500），MATH（EL-509T）の裏にあります．「自然表示」入力モードになると，関数電卓のステータスエリアに図 2.3 の表示が現れます．これで，計算の準備は整いました．

fx-JP500

EL-509T

図 2.3 「自然表示」入力モード

ここで，最新の「自然表示」関数電卓の入力・表示モードについて説明します．「自然表示」の関数電卓は，数式が見た目のとおりに表示されるのが特徴ですが，「数式通り」関数電卓のように，1 行で表示される方式を好むユーザーもまだまだいます．そこで，メーカーは，「自然表示」関数電卓を「数式通り」のように使える「ライン表示（1 行表示）」入力モードを用意しました．同じ数式を「自然表示」モードと「ライン表示」モードで比較したものが図 2.4 です．明らかに，「自然表示」入力モードのほうが優れているのですが，古い世代のユーザーのため，昔の入力方式を残しておいたのでしょう◆1.

◆1　こういう設計を，**後方互換**とよびます．

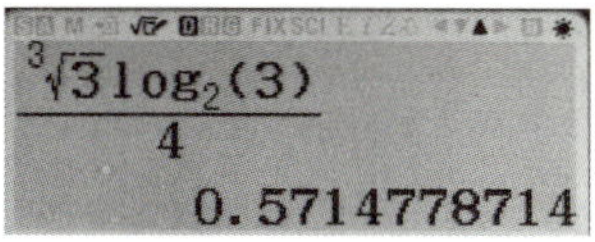

「自然表示」入力モード

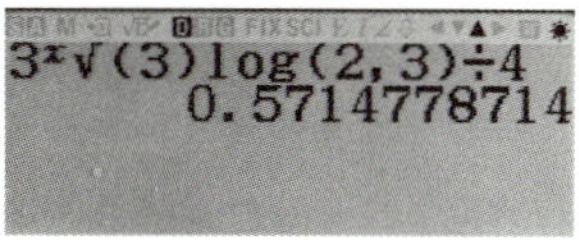

「ライン表示」入力モード

図 2.4 「自然表示」入力モードと「ライン表示」入力モードの比較

次に表示モードですが，最新の「自然表示」関数電卓は，解を分数で表示するモードと，小数で表示するモードが選べます（図 2.5）．

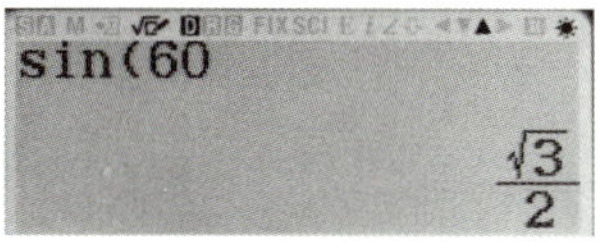

分数表示モード

小数表示モード

図 2.5 分数表示モードと小数表示モードの比較

かつての「自然表示」タイプにはこの機能がなく，解が既約分数や平方根（$\sqrt{\ }$）で表せる場合は，常に分数と根号で表示していました．小数の解を得るには，S⇔D CHANGE キーを押す必要がありました（図 2.6）．しかし，大学や社会で行う計算に，分数表示が必要な場合はほとんどないといってよいでしょう．したがって，イコールキーの後にいちいち変換キーを押さなくてはならず，大変不便なものでした．かねてから私は，Web ページでこの点を指摘し，メーカーに改善を訴えてきました．その声が届いたのか，新しいモデルではどちらのメーカーも小数表示と分数表示が選べるようになっています．

fx-JP500

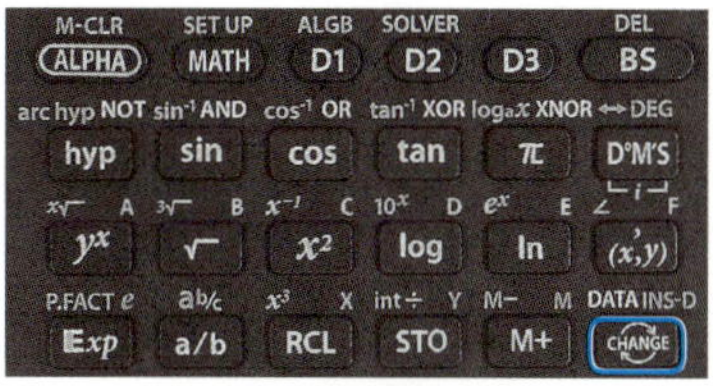

EL-509T

図 2.6 分数表示／小数表示切り替えキー S⇔D CHANGE

「小数表示」モードでも，解が単純な分数で表せる図 2.5 のような計算は，S⇔D CHANGE キーを押せば分数表示を得ることができます[◆2]．

2.4 ••• 小数の表示モードを切り替える

さらに，「数式通り」以降の世代の関数電卓は，小数の表示形式を細かく制御することができます．EL-509T は表 2.1 の 5 つ，fx-JP500 は 4 つの中から選べます．

◆2 fx-JP500 は，解が平方根を含む分数でも表示の切り替えができますが，EL-509T は，平方根を含む分数を分数表示に切り替えることはできません．

表 2.1　fx-JP500 と EL-509T の小数表示モード

表示形式	fx-JP500	EL-509T	概　要
FIX	○	○	小数点以下の指定桁数で四捨五入
SCI	○	○	解は常に浮動小数点表示
Norm1	○	○	解の大きさによって浮動小数点か固定小数点かを自動選択
Norm2	○	○	
ENG	×	○	浮動小数点表示だが，指数を 3 の倍数に固定

私の経験から，FIX モード，SCI モードは切り替えがいちいち不便で，実用的ではありません．大きな数，小さな数の桁数が知りたければ，ENG キーがあります（→p.17）．したがって，本書では表示は Norm モードで統一します．

Norm1 と Norm2 の違いは，どの範囲で固定小数点が選択されるかの違いです．fx-JP500 と EL-509T で Norm1，Norm2 の機能が逆になっていますが，意味は同じです．

表 2.2　fx-JP500 と EL-509T の小数表示モード

	fx-JP500	EL-509T
0.01 より小さい数は浮動小数点表示	Norm1	NORM2
10^{-9} より小さい数は浮動小数点表示	Norm2	NORM1

fx-JP500 は，現在の表示モードが Norm1 か 2 かを確認することはできませんが，EL-509T はステータスエリアで現在の表示モードが確認できます（図 2.7）．

図 2.7　EL-509T の小数表示モード（NORM1）

実際に関数電卓を使ってみると，たとえば 0.000004567 が 10 のマイナス何乗のオーダーかがわからない，ということがよくあります．本書では，以下の操作によって「0.01 より小さい数は浮動小数点表示」（fx-JP500 は Norm1，EL-509T は NORM2）を選びます．

■ 小数表示モードの設定

fx-JP500　SETUP 3 3 1

EL-509T　SETUP 1 4

2.5 ・・・ 関数電卓の 3 つの動作状態

関数電卓の使い方は，基本的には

1. 数式を入力
2. イコールキーを押す
3. 表示された解を見る

だけのシンプルなものです．しかし，ここで，関数電卓の 3 つの状態について知っておくと，より高度な使い方ができるようになります．

一般に，関数電卓の操作は，まず AC on/C キーで数式表示エリアを初期化するところから始まります．すると，表示がクリアされ，関数電卓は**入力状態**に入ります（図 2.8）．この状態で，ユーザーは数式を関数電卓に入力していきます．

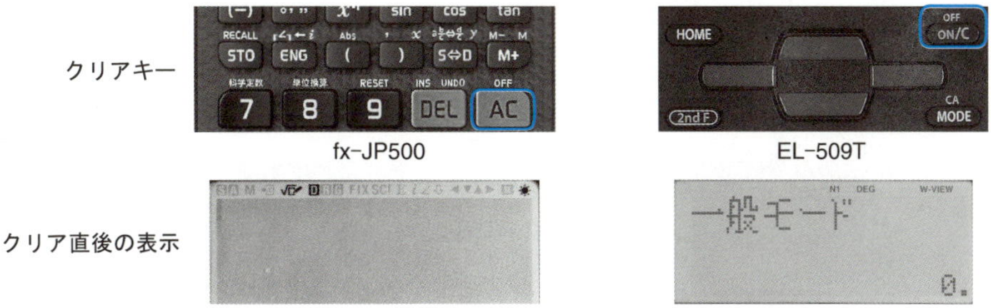

図 2.8　関数電卓のクリア

入力が終了したら，= キーを押します．すると，関数電卓は**解確定状態**になります．この状態ではじめて，計算結果が解表示エリアに表示されます．ここから数値キーを押すと，直前の計算がクリアされ，再び関数電卓は「入力状態」に入ります．おもしろいのは，+ − などの演算子キーや，x^2 x^{-1} などの関数キーを押すと，数式エリアには「Ans」を含む表示が現れることです（図 2.9）．詳しくは第 6 章で述べますが，Ans には「直前の計算結果」という意味があります．伝統的な「標準電卓」の UI を踏襲したため，このような動作になっているのです．

図 2.9　解確定状態から + キーを押した結果．Ans には直前の計算の解が入っている．

入力にエラーがあると，= キーを押したときに関数電卓は**エラー状態**になります．AC on/C でクリアすることもできますし，一部を修正したければ十字キーで修正します．

図 2.10 に，関数電卓の 3 つの動作状態における表示部の様子を示します．

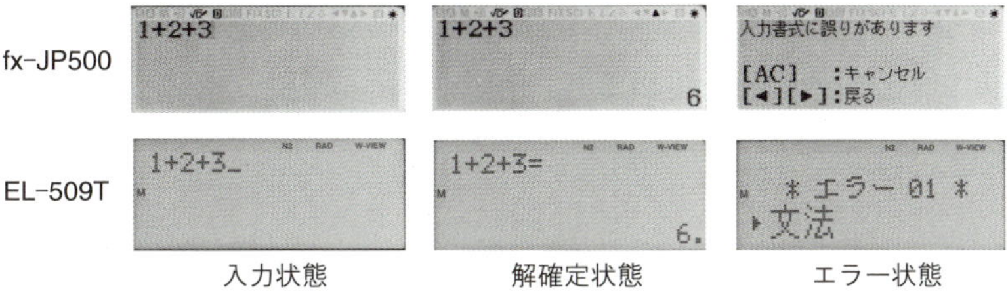

図 2.10　関数電卓の 3 つの動作状態における表示

2.6 ••• 数値の入力

関数電卓に大きい数，小さい数を入力するときには，指数キー ×10^x Exp と負号キー (−)（図 2.11）を使い，浮動小数点の表現で入力します．ファンクションエリアには一見すると使えそうな 10$^■$ 10^x や $x^■$ y^x という関数がありますが，これらは**絶対に使わない**ようにします．理由はいくつかありますが，第一にみっともないです．たとえていうなら，お箸をグーで握ってご飯を食べるようなものです．しかも，数式によっては意図と違う解釈をされてしまうケースもあり，危険です．一例を挙げましょう．

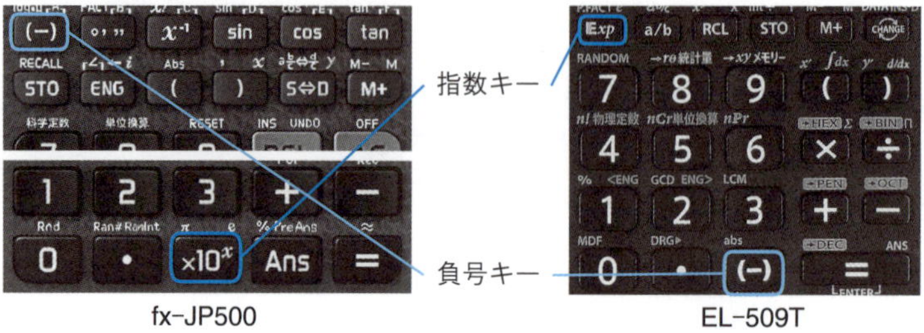

図 2.11　指数キー ×10^x Exp と負号キー (−)

例題 2.1　$1/(6.02 \times 10^{23})$ を計算せよ．

解答

■ 正しい操作

fx-JP500　1 ÷ 6.02 ×10^x 23 =

EL-509T　1 ÷ 6.02 Exp 23 =

答：$1.661129568 \times 10^{-24}$

■ 間違った操作

fx-JP500　1 ÷ 6.02 × 10 $x^■$ 23 =

EL-509T　1 ÷ 6.02 × 10 y^x 23 =

答：$1.661129568 \times 10^{22}$

演算子の × の優先順位は ÷ と同じですから，10^{23} が分母でなく分子のほうにあると解釈されてしまうわけです．もちろん，括弧《かっこ》を使えばあいまいさはなくなりますが，それは正しい括弧の使い方ではありません．スポーツと同様，関数電卓もまずは正しいフォームを身につけて，それから実戦に臨むようにします．

負の指数，負の数の入力には，− キーでなく (−) キーを使います．ただし，fx-JP500 では

fx-JP500　1.38 ×10^x − 23 =　　答：1.38×10^{-23}

とやってもエラーにはなりません．一方，EL-509T は同様に打つと

EL-509T ▶ 1.38 Exp − 23 = 　答：−21.62

となり，意図した結果になりません．EL-509T は，演算子の − と負号の (−) の区別は厳密で，− を入力したところで 1.38 の数値入力が終わったと解釈され，数式が「1.38E0–23」と解釈されるためです．これはほとんど「設計ミス」といってよいくらいの仕様なのですが，ユーザーが注意するしかありません．以降，本書では機種にかかわらず (−) と − の使用は厳密に区別します．

準備が整ったところで，さっそく数値を入力してみましょう．入力の修正については次節で詳しく説明します．ここでは，間違えたらとにかく AC on/C キーを押して始めからやり直してください．

例題 2.2 以下の数値を入力せよ．入力後に = を押し，入力が正しかったかどうか確認せよ．

(1) 6.02×10^{23} (2) 1.38×10^{-23} (3) -0.5

解答

(1) fx-JP500 ▶ 6.02 ×10^x 23 =
EL-509T ▶ 6.02 Exp 23 =

(2) fx-JP500 ▶ 1.38 ×10^x (−) 23 =
EL-509T ▶ 1.38 Exp (−) 23 =

(3) 共通 ▶ (−) 0.5 =

2.7 ・・・ 関数の入力

ファンクションエリア (→p.4) を見てください．皆さんがよく知っている関数が並んでいます．関数には，x^2 や $x!$ $n!$ など，引数を関数の前に置く**前置型関数**，sin や log など，引数を関数の後に置く**後置型関数**があります．「自然表示」関数電卓は，いずれも頭から，数式通りに入力します．例外については第 3 章で学びます．始めに log(1,000) を計算してみましょう．

例題 2.3 log(1,000) を計算せよ．

解答

共通 ▶ log 1000 = 　答：3

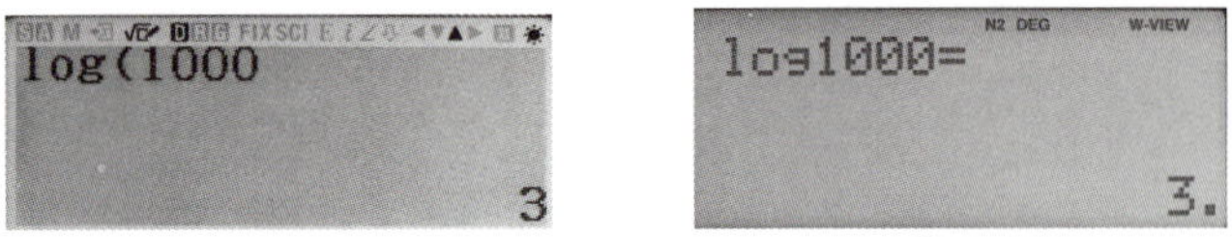

fx-JP500　　　　EL-509T

図 2.12　log(1, 000) の計算

fx-JP500 は，log と打つと自動的に開き括弧が現れます（図 2.12）．関数電卓は，数式の最後の閉じ括弧は省略してもよいルールになっているので，) は入力する必要はありません．もちろん，きちんと括弧を閉じてもかまいません．

続いて，10 の 3 乗を計算します．10^x と log は互いに逆関数の関係にあります．したがって，10^x は log の裏にあり，SHIFT 2ndF キーを使って呼び出します．刻印は $10^{■}$ 10^x です．SHIFT 2ndF キーを押すと，ステータスエリアに裏状態を表す記号が現れます（図 2.13）．

fx-JP500　　　　EL-509T

図 2.13　裏状態を示す記号

例題 2.4　10^3 を計算せよ．

解答

fx-JP500　$10^{■}$ 3 =

EL-509T　10^x 3 =

答：1000

2.8 ・・・ 入力の修正

入力を間違えてしまった場合，直後であれば簡単に DEL BS キーで 1 文字戻ることができます（図 2.14）．また，十字キーを併用すれば，多彩な修正を加えることができます．これを応用して，同じような計算を繰り返し行う方法については第 6 章で学ぶので，ここでは，基本の修正テクニックを学びます．

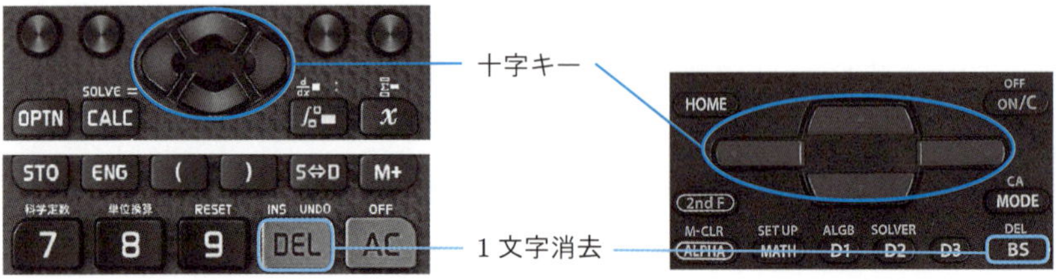

fx-JP500　　　　EL-509T

図 2.14　DEL BS キーと十字キー ↑ ↓ ← →

例題 2.5　数式に，以下のような修正を行え．

(1) log 30 を log 35 に修正する　(2) log 30 を log 130 に修正する

(3) log 30 を ln 30 に修正する

解答

(1) fx-JP500　log 30 DEL 5 =

EL-509T　log 30 BS 5 =　答：1.544068044

(2) 共通　log 30 ← ← 1 =　答：2.113943352

(3) fx-JP500　log 30 ← ← DEL ln =

EL-509T　log 30 ← ← BS ln =　答：3.401197382

「自然表示」タイプの関数電卓は，パソコンや「数式通り」関数電卓のように**挿入モード**と**上書きモード**を切り替えることができません．入力は常に挿入モードです．したがって，例題 2.5(3) のように，入力した数値や関数を上書きしたいときには，いったん削除してから再度入力します．

fx-JP500 には DEL キーの裏に INS がありますが，これは上書きモードへの切り替えではありません．使い方は第 6 章で詳しく説明します．一方，EL-509T には BS の裏に DEL キーがあります．違いは，BS がカーソルの前の文字を消去するのに対し，DEL はカーソル上の文字を消します．しかし，2ndF キーを押す裏機能なので，手数が増えるだけで実用性はありません．

2.9 ・・・ 演算の優先順位

関数電卓は，数式の優先順位がルールどおりに考慮されます．掛け算の優先順位は足し算より上なので，

$$1 + 2 \times 3 \tag{2.1}$$

を数式どおりに入力すれば，正しく 7 を得ます．

共通　1 + 2 × 3 =　答：7

頭から順に計算させたければ，括弧を使います．数式では

$$(1 + 2) \times 3 \tag{2.2}$$

ですが，入力も数式どおりです．

共通　(1 + 2) × 3 =　答：9

関数の引数と掛け算の優先順位についてはどうでしょうか．fx-JP500 は，後置型関数には消去できない括弧が付随します．したがって，括弧を閉じるまでが引数とみなされます．また，最後の閉じ括弧は省略できるルールなので，以下の入力はどちらも正しい解を返します．

$$\sin 30^\circ \tag{2.3}$$

fx-JP500　sin 30 =　答：0.5

fx-JP500　sin 30) =　答：0.5

逆に，以下のような入力は，$\sin(30) \times 3$ ではなく，$\sin(30 \times 3)$ と解釈されます．

fx-JP500　sin 30 × 3 =　答：1

一方，EL-509T は，後置型関数の後ろに開き括弧が付属しません．後置型関数の後ろに置かれた最初の数値のみが引数となるルールです．

EL-509T　sin 30 × 3 =　答：1.5

上の例から，EL-509T では，関数と引数の結びつきは四則演算より強いことがわかります．

一方，関数電卓には，文字式と同様の**省略された乗算記号**が使えます．たとえば，関数電卓で

共通　2 sin 30 =　答：1

と打つと，これは「2 × sin 30」と解釈されます．そして，「省略された乗算」は，× ÷ より強い結合です．たとえば，

$$1/2 \sin 30^\circ \tag{2.4}$$

を

共通　1 ÷ 2 sin 30 =　答：1

と打つと，これは $1/(2 \sin 30^\circ)$ と解釈されます．一方で，

共通　1 ÷ 2 × sin 30 =　答：0.25

は，頭から計算されるので，答は 0.25 になります．

EL-509T の場合，引数と「省略された乗算」の結合はどちらが強いのでしょうか．以下の計算を試してみます．

$$\log 10\pi \tag{2.5}$$

EL-509T　log 10 × π =　答：3.141592654

EL-509T　log 10 π =　　答：1.497149873

乗算記号を省略すると，log の引数は「10」でなく「10π」になりました．「省略された乗算」の結合は，関数と引数の結合より強いことがわかります．ただし，関数電卓の演算の優先順位に頼った上のような入力は間違いの元なので，なるべく括弧を使うことをお勧めします．

2.10 ・・・ ENG キー

関数電卓では，解が大きな桁数になることがよくあります．10^{10} を超えると自動的に浮動小数点表示になるので，解が 10 の何乗の桁かを知ることは容易です．一方，次のような計算はどうでしょうか．

例題 2.6　以下の計算を行い，解が 10 の何乗のオーダーか答えよ．

$$12345 \times 67890 \tag{2.6}$$

解答

共通　12345 × 67890 =　　答：838102050

ぱっと見て，これが何桁の数だかわかりますか？ わからないのが普通ですね．こんなときに便利なのが ENG <ENG キーです（図 2.15）．

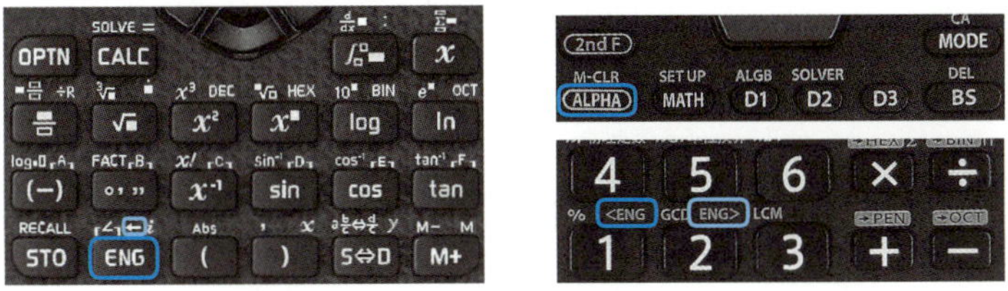

fx-JP500　　EL-509T

図 2.15　ENG <ENG キー

fx-JP500　ENG
EL-509T　<ENG　　答：838.10205×10^6

表示から，解は 838×10^6，すなわち 10^8 のオーダーの数だということがすぐわかります．

ENG <ENG キーの位置は，fx-JP500 はわかりやすい位置にありますが，EL-509T は ALPHA キーを押して，数字の 1 を押します．ALPHA キーは，キーの上に緑色で書かれた

機能を有効にする役目があります.

「ENG」とは Engineering notation（工学表記）の略で，浮動小数点表記の指数を 3 の倍数に固定したものです．連続で ENG <ENG を押すたびに，位取りが 3 桁ずつ変わっていきます．また，fx-JP500 は ENG の裏の ← で，EL-509T は ENG>（ALPHA 2）で逆方向に位取りが変わります.

fx-JP500 ENG
EL-509T <ENG
答：838102.05×10^3

fx-JP500 ENG
EL-509T <ENG
答：838102050×10^0

⋮

工学表記の根拠は，SI（国際単位系）において，大きい数，小さい数を表 2.3 の接頭辞を使って表す規則からきています.

表 2.3 SI 接頭辞

大きい数		小さい数	
10^3	キロ (k)	10^{-3}	ミリ (m)
10^6	メガ (M)	10^{-6}	マイクロ (μ)
10^9	ギガ (G)	10^{-9}	ナノ (n)
10^{12}	テラ (T)	10^{-12}	ピコ (p)

たとえば，838×10^6 は 838M と言い換えられます.

もっとも，最新の「自然表示」の電卓は，大きな数には 3 桁ごとに位取りをするカンマが表示されるので（図 2.16），注意して見れば，変換しなくとも桁数はわかります．ただし，fx-JP500 は以下のように，セットアップでカンマ表示を on にする必要があります．on にしても困ることはないので，セットしておきましょう.

■ カンマ表示の設定

fx-JP500 SETUP ↓ ↓ 3 1
EL-509T 設定不要

fx-JP500　EL-509T

図 2.16 大きな数の桁数を区切る表記．fx-JP500 は初期状態ではカンマ区切りにならない．EL-509T に区切り記号を消すオプションはない．区切り記号はダッシュ記号.

2.11 ・・・ 分数キー

「自然表示」タイプの関数電卓は，除算記号の代わりに**分数キー** [$\frac{\square}{\square}$] [a/b] が使えます（図 2.17）．次の問題を，分数キーを使ってやってみます．

fx-JP500

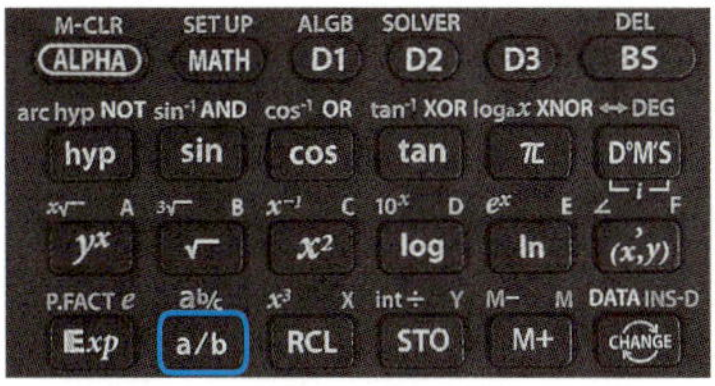

EL-509T

図 2.17　分数キー [$\frac{\square}{\square}$] [a/b]

例題 2.7　以下の計算を，分数キーを使って行え．

$$\frac{1234+5678}{1234+5678} \tag{2.7}$$

解答

fx-JP500 ▶ [$\frac{\square}{\square}$] 1234 [+] 5678 [↓] 1234 [+] 5678 [=]

EL-509T ▶ [a/b] 1234 [+] 5678 [↓] 1234 [+] 5678 [=]　　答：1

このように，分数キーを使うことで，分数を見たとおりに入力できます．一方，この計算を，分数キーを使わずに行うと以下のようになります．

共通 ▶ [(] 1234 [+] 5678 [)] [÷] [(] 1234 [+] 5678 [)] [=]　　答：1

面倒ですし，数式が横に長くなってしまい，数式全体が見えなくなってしまいます（図 2.18）．ぱっと見ただけでは式 (2.7) と同じかどうかわかりませんね．分数キーは，入力が直感的なだけでなく，表示を 2 段にすることにより，複雑な数式でも全体が表示されるという利点があります．

分数キー不使用

分数キー使用

図 2.18　分数キーを使わない場合と使った場合の見た目を比較

EL-509T は，「小数表示」（→p.9）を選んでも，分数キーを使うと解が分数で表示される仕様になっています（図 2.19）．気を利かせたつもりなのでしょうが，むしろ「余計なお世話」です． [CHANGE] キーを使い，小数表示に変換します．

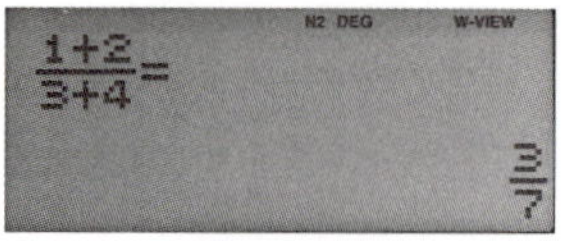

分数キー使用

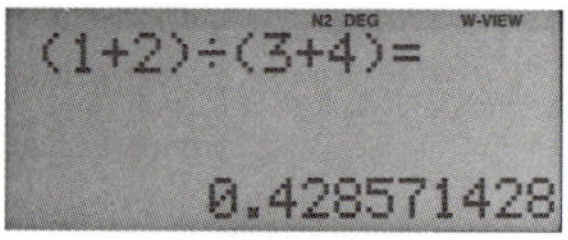

除算キー使用

図 2.19　EL-509T は分数キーと除算キーで解の表示形式が変わる

分数キーは，あらゆる計算において割り算の代わりに使うことができますが，すべての計算に分数キーを使うのはあまり感心しません．次のような例を考えます．

$$\frac{3}{2} \tag{2.8}$$

■ 分数キーを使った操作

fx-JP500　［分数］ 3 ↓ 2 =

EL-509T　a/b 3 ↓ 2 = CHANGE CHANGE　　答：1.5

■ 分数キーを使わない操作

共通　3 ÷ 2 =　　答：1.5

このような単純な計算は，除算キーを使ったほうが簡単です．目安としては，「分子，分母に括弧を使う必要があったら分数キーを使う」ことにするとよいでしょう．

章末問題

以下の計算を行え．

Q1. $\log\left(\frac{1}{2}\right)$　　Q2. $\sin\left(\frac{1}{2}+\frac{2}{3}\right)$　　Q3. $\sin\left\{\left(\frac{1}{2}+\frac{2}{3}\right)^2\right\}$

Q4. $1.674 \times 10^{-27} \times 6.02 \times 10^{23}$　　Q5. $-2.5 \times 10^{-3} \times (-3.5 \times 10^{6})$

Q6. $-1.25-(-1.25)$

Q7. $$\cfrac{4}{1+\cfrac{1^2}{3+\cfrac{2^2}{5+\cfrac{3^2}{7+1}}}}$$

Q8. $16,935 \times 94,783$ は 10 の何乗のオーダーの数か．ENG <ENG キーを使い答えよ．

章末問題解答

A1. fx-JP500：-0.3010299957 | EL-509T：-0.301029995

fx-JP500　log 1 ÷ 2 =

EL-509T　log (1 ÷ 2 =

NOTE　本問のように，答が両機種でわずかに異なる計算があります．これは，関数電卓が有限の桁数で計算を打ち切ること，その処理が機種ごとに異なるために起こる現象です．以降は，そういった計算は，両機の答を | で区切って併記します．

A2.　0.02036076755 | 0.020360767

fx-JP500　sin 1 ÷ 2 + 2 ÷ 3 =

EL-509T　sin (1 ÷ 2 + 2 ÷ 3 =

NOTE　この計算に分数キーを使うのは悪手です．単純な割り算は除算キーを使いましょう．

A3.　0.02375363603 | 0.023753636

共通　sin (1 ÷ 2 + 2 ÷ 3) x^2 =

NOTE　fx-JP500 は，関数に付随する括弧とは別に，明示的な開き括弧を入力する必要があります．一方，EL-509T は，「引数の後ろは単一の数値」というルールですから，sin の後ろに $(1/2+2/3)^2$ を入力すればよいのです．結果として両機の操作はまったく同じとなります．

A4.　1.007748×10^{-3}

fx-JP500　1.674 $\times 10^x$ (−) 27 × 6.02 $\times 10^x$ 23 =

EL-509T　1.674 Exp (−) 27 × 6.02 Exp 23 =

NOTE　答がほぼ 1.0×10^{-3} になったのは偶然ではありません．この計算は，陽子の質量とアボガドロ数の積を表しています．アボガドロ数とは，炭素 12（→p.84）の原子を集めてちょうど 12 g になるときの原子の数として定義されており，陽子の質量は炭素 12 原子の質量のほぼ 1/12 なのです．

A5.　8750

fx-JP500　(−) 2.5 $\times 10^x$ (−) 3 × (−) 3.5 $\times 10^x$ 6 =

EL-509T　(−) 2.5 Exp (−) 3 × (−) 3.5 Exp 6 =

NOTE　入力の際は，(-3.5×10^6) を括弧で囲む必要はありません．「負の数値」として認識されます．

A6.　0

共通　(−) 1.25 − (−) 1.25 =

A7.　3.140350877

fx-JP500　[分数] 4 ↓ 1 + [分数] 1 x^2 ↓ 3 + [分数] 2 x^2 ↓ 5 + [分数] 3 x^2 ↓ 7 + 1 =

EL-509T　a/b 4 ↓ 1 + a/b 1 x^2 ↓ 3 + a/b 2 x^2 ↓ 5 + a/b 3 x^2 ↓ 7 + 1 = CHANGE CHANGE

NOTE　EL-509T は，分数キーを使うと答が分数になります．CHANGE キーで小数に変換します．

問題は 7 + 1 で打ち切っていますが，この先を

$$\cfrac{}{7+\cfrac{4^2}{9+\cfrac{5^2}{11+\dots}}}$$

と無限に続けると，答が π になることが知られています．

A8.　10 の 9 乗

Column　fx-JP500 と EL-509T の違い

本書では，使いながら学ぶ関数電卓として CASIO fx-JP500 と SHARP EL-509T を選びました．しかし，「どちらがよりお勧めか」については，あえて言及を避けています．このコラムでは，両機の違いについて解説し，判断は読者の皆さんにおまかせしたいと思います．

関数電卓の進化の歴史を紐解けば，CASIO の関数電卓は常に SHARP をリードしてきました．「自然表示」入力も，「自然表示」における小数表示優先も，ENG <ENG キーも，日本語表示も，まず CASIO が採用，SHARP が後追いしたものです．現在の仕様でいえば，高解像度の液晶表示は CASIO のみが採用していますが，SHARP が追随することは間違いないでしょう．

一方，「多機能」という意味では，EL-509T は fx-JP500 に一歩先んじているといってよいでしょう．表 1.2 を見てもわかるように，fx-JP500 にあって EL-509T にないボタンは OPTN くらいです．EL-509T にのみ存在する，便利な機能について解説しましょう．

1. **電源 off でも直前の状態が保存される**
   関数電卓は，一般に数分間入力がないと，電池節約のため電源が自動的に切れます．fx-JP500 は，電源投入直後には AC が押された状態になりますが，EL-509T は，電源が切れた状態が復帰します．

2. **D1 ～ D3 キー**
   D1 ～ D3 の刻印がある 3 つのキーが用意されています．ここに，裏にある関数や物理定数など，よく使う機能を割り当てれば，すぐ呼び出すことができます．登録できるのは単一の関数または定数だけで，複数の操作を一つのキーに登録する「マクロ」機能はありません．

3. **HOME キー**
   関数電卓の初心者によくあるのが，「計算モードを元に戻せない」というトラブルです．たしかに，意図せず統計モードに入ってしまった学生に泣き付かれた経験は何度もあります．HOME キーを押せば，電卓がただちに通常計算モードに戻ります．

さらに，キーの割り当てについて細かいことをいうと，EL-509T ではそれ以前のモデルから大幅な刷新が行われ，よく使われる √ と π が表に出たことで，使い勝手が大変よくなりました（fx-JP500 は π が裏）．それ以前のモデルでは，私はキー割り当てについては CASIO の関数電卓が一枚上手と評していましたが，今回のモデルチェンジで「互角」になったといってよいと思います．残念なのは，いまだに Ans キーが = の裏にあることで，巨大なイコールキーを半分の大きさにして，独立した Ans が装備されれば満点です．

ここまでは，EL-509T の高機能を褒めてきましたが，目的によってはこれがあだとなる場合があります．国家資格試験の中には，関数電卓の持ち込みが許されているものがありますが，代表的な**土地家屋調査士試験**では，fx-JP500 の持ち込みが許されている一方で，EL-509T の持ち込みは禁止です．これは，おそらく電源を切っても直前の計算状態が保存されること，あるいは D1 ～ D3 キーの機能が，「記憶機能をもつ電卓」として禁止事項に触れたものと思われます．

次に，(−) キーと − キーの取り扱いの違いについて見てみましょう．CASIO の関数電卓は，伝統的にこれらのキーをまったく区別しません[◆3]．どちらなのかは文脈で判断するようになっています．一方 SHARP は，「数式通り」の世代では，数値の入力は確定するまで解表示エリアに表示され，演算子キーの入力で数式エリアに移動する方式をとっていたため，

◆3　唯一の例外が，解確定状態から − または (−) を押したときです（→p.141）．

(−) キーと − キーは明確に区別されていました[4]．しかしこのルールをそのまま「自然表示」電卓に引き継いだため，少々困ったことになっています．EL-509T で，わざと間違った方法で 2×10^{-5} を入力してみます．

EL-509T　2 Exp − 5 =

答：-3

− で置数の解釈が切れて，2E を 2E0 と解釈しており，そこから 5 を引いています．このように，間違った入力に対してエラーにならずに，間違った解を返すのは危険な動作で，あまり感心できるものではありません．EL-509T を購入した方は，くれぐれも (−) キーと − キーを間違えないようにしてください．

続いて関数の入力です．CASIO の「自然表示」電卓は，sin や log などの後置型関数を入力すると，自動的に開き括弧が現れます．この括弧は関数とセットになっていて消すことができませんが，括弧としての機能はきちんともっています．たとえば，

fx-JP500　sin 30 + 30 =

答：0.8660254038

は，イコールキーの前に閉じ括弧を補い，$\sin(30+30)$ と解釈されます．一方，SHARP の「自然表示」入力には，関数直後の括弧はありません．したがって，

EL-509T　sin 30 + 30 =

答：30.5

は，$\sin(30)+30$ と解釈されます．関数の後ろに括弧が付かない場合は，直後の数字のみを引数とする，というルールです．操作法が微妙に変わる計算が多くあり，教える側としては注意しなくてはならないポイントの一つです．どちらがよいかというと，個人的な感想ですが，SHARP 方式のほうが多くの計算で無駄な閉じ括弧を入力する手間が省けるのでよいと思います．

最後に，日本の代表的な関数電卓メーカー，Canon の関数電卓について少し述べます．Canon の関数電卓は，ソフトウェアは CASIO または SHARP から提供を受けているようで，「標準電卓」の操作は SHARP，「数式通り」と「自然表示」の操作は CASIO にそっくりです．また，残念なことに，Canon の「自然表示」モデルは数年以上モデルチェンジされておらず，現在の最新機種は CASIO の一世代前，fx-375ES に準拠しています．そういった理由から，本書の解説対象から外しました．いずれ，Canon から魅力的な新モデルが出たら，本書の記述も変えなくてはならないでしょう．

◆4　(−) キーを押しても符号が反転するだけで，数値は確定されません．

Chapter 03
各種関数の使い方

第 2 章では関数電卓のもっとも基本的な使い方，すなわち初期設定，数値の入力，基本的な計算や入力の修正などについて学びました．本章からは，関数電卓の中心的機能である各種関数の使い方について学んでいきます．

第 3 章では，比較的単純な関数をまとめて解説します．三角関数と指数・対数は，関数電卓の主要かつ重要な機能であるだけでなく，使いこなすためには関数そのものについての知識と理解が不可欠なので，それぞれ章をあらためて解説します．

3.1 ••• 逆　数

逆数とは，その名のとおり直前の数値の逆数をとる前置型関数です．まずは，使ってみましょう． x^{-1} キーを使って 2 の逆数を計算します．EL-509T は x^2 の裏にあるので注意してください（図 3.1）．

共通　2 x^{-1} =　　答：0.5

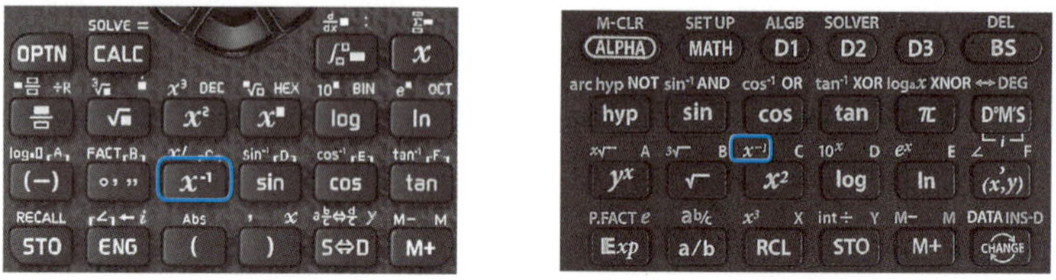

fx-JP500　　EL-509T

図 3.1　逆数キー x^{-1}

もちろん，逆数とは「1 をある数で割る」演算ですから，単純に

共通　1 ÷ 2 =　　答：0.5

とやっても答は同じです．では，なぜわざわざ「逆数」にファンクションキーが割り当てられているのでしょうか．それは，科学技術の計算において，逆数が頻繁に登場する演算だからです．具体例を挙げましょう．図 3.2 のように，焦点距離 f_1 と焦点距離 f_2 のレンズを接して並べます．すると，左から入った平行光線が焦点を結ぶ位置は**合成焦点距離** f_{eff} とよばれ，以下の公式で求められます．

$$f_{\mathrm{eff}} = \left(\frac{1}{f_1} + \frac{1}{f_2}\right)^{-1} \tag{3.1}$$

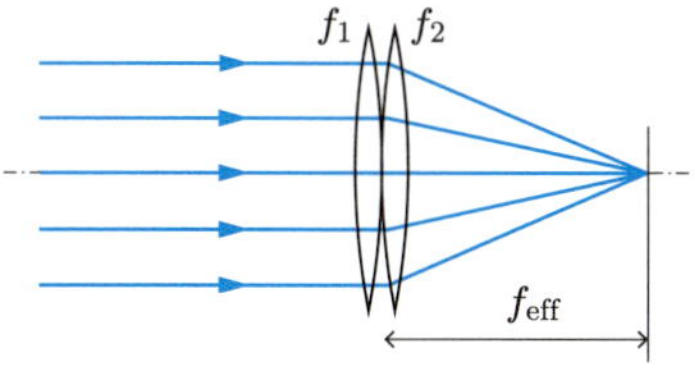

図 3.2　2 枚のレンズの合成焦点

もちろん，この程度の公式なら，

$$f_{\mathrm{eff}} = \frac{f_1 f_2}{f_1 + f_2} \tag{3.2}$$

と変形して，逆数を使わずに計算することも可能です．こちらの公式を覚えている人も多いでしょう．しかし，レンズの数が 3 つ以上に増えたときは，そうはいきません．

$$f_{\mathrm{eff}} = \left(\frac{1}{f_1} + \frac{1}{f_2} + \frac{1}{f_3}\right)^{-1} \tag{3.3}$$

式 (3.3) を逆数を使わずに計算すると，以下のようになります．

$$f_{\mathrm{eff}} = \frac{f_1 f_2 f_3}{f_1 f_2 + f_2 f_3 + f_3 f_1} \tag{3.4}$$

素直に逆数を使いたくなりますね．では，具体的な問題を解いてみましょう．

例題 3.1　焦点距離 1.5 m のレンズと焦点距離 2.5 m のレンズを重ねて置く．このときの合成焦点距離を求めよ．

解答

共通　[( ] 1.5 [x^{-1}] [+] 2.5 [x^{-1}] [ )] [x^{-1}] [=]　　答：0.9375 m

こういう計算では，はじめの [( ] を忘れてしまい，いきなり「1.5 [+] ···」と始めてしまうことがよくあります．しかし，計算をやり直す必要はありません．このときは，以下のようにはじめに式 (3.1) の括弧の中を計算してしまい，最後に答の逆数をとります．私は，むしろこちらの方法をよく使っています．

共通　1.5 [x^{-1}] [+] 2.5 [x^{-1}] [=]　　答：1.066666667 m^{-1}

解確定状態から，いきなり [x^{-1}] を押します．すると表示が「Ans^{-1}」になります．「Ans」には「直前の計算の答」という意味があるので，イコールキーを押せば

共通　[x^{-1}] [=]　　答：0.9375 m

と，正しい答を得ます．ここで使ったテクニックを「計算結果の再利用」とよび，関数電卓を使いこなすうえでとても重要な機能です．詳しくは 6.2 節（→p.100）で学びます．

3.2 ••• 2乗，3乗，π

逆数の次は2乗キー [x^2] です．ついでに [π] キーも使ってみましょう．fx-JP500は，[π] が [$\times10^x$] の裏にあります（図3.3）．

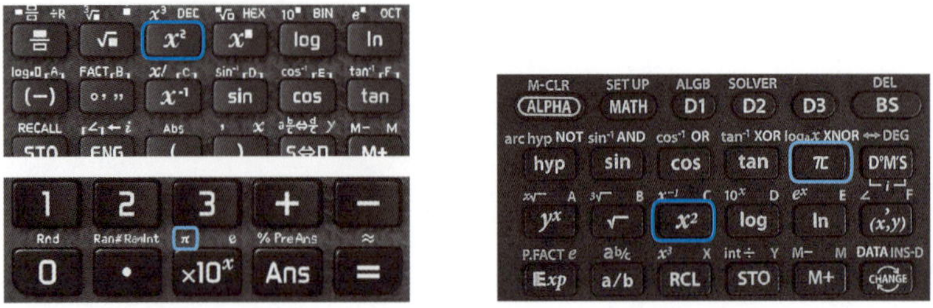

fx-JP500　　　EL-509T

図3.3　2乗キー [x^2] と π キー [π]

2乗と π といえば円の面積ですね．公式は，

$$S = \pi r^2 \tag{3.5}$$

S：面積，　r：半径

です．以下の問題を問いてみましょう．

例題 3.2　半径2.5 cmの円の面積を求めよ．

解答

共通　2.5 [x^2] [π] [=]　　答：19.63495408 cm^2

ここで，[π] 2.5 [x^2] [=] とやりたいところですが，これはエラーになります．「省略された乗算」（→p.16）は，「数値」「定数」の順番は認められますが，「定数」「数値」は認められないためです．

関数電卓に [π] と [x^2] が用意されているのは，これらがよく使われるからですが，[x^{-1}] と比べても，その省力効果は目を見張るものがあります．π をいちいち3.14159265$\cdots$と打つことを考えてみてください．また，1.9583678357の2乗を計算しなさいといわれて，同じ数字を2回打ちたいですか？　これだけとってみても，[x^2] と [π] の必要性はおわかりでしょう．

2乗に比べれば活用される機会は少ないのですが，関数電卓には3乗キー [x^3] が用意されています（図3.4）．両機種とも裏にあるのは，使用頻度の少なさを考えれば当然でしょう．今度は，球の体積を計算します．公式は，

$$V = \frac{4}{3}\pi r^3 \tag{3.6}$$

V：体積，　r：半径

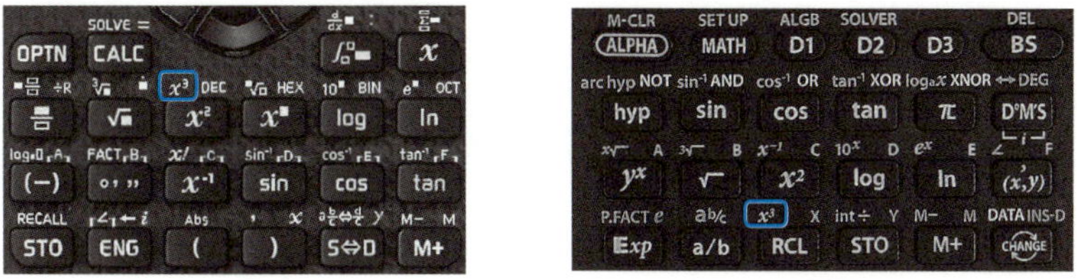

fx-JP500　　EL-509T

図 3.4　3 乗キー [x^3]

です．以下の問題を問いてみましょう．

例題 3.3　半径 2.5 cm の球の体積を求めよ．

解答

共通　4 [÷] 3 [×] 2.5 [x^3] [π] [=]　　答：65.44984695 cm^3

操作方法は，上の例が唯一の正解というわけではありません．たとえば，分数を使うと以下のようになります．

fx-JP500　[分数] 4 [↓] 3 [→] [×] 2.5 [x^3] [π] [=]

EL-509T　[a/b] 4 [↓] 3 [→] [×] 2.5 [x^3] [π] [=]

本書に掲載した操作方法はあくまで正解の一つで，もっとも標準的な例です．実は私も，本書の「操作」のようには打たない計算がたくさんあります．皆さんも，それぞれ自分の「スタイル」を確立してほしいと思います．

3.3 ・・・ 3 乗よりも大きな乗数

関数電卓は，2 乗，3 乗に限らず，任意の乗数の計算が可能です．これを**累乗**とよびます．2 乗と −1 乗（逆数）に専用のキーが与えられているのは，それらの使用頻度が多いからにすぎません．実際，関数電卓では a^x の x に任意の実数を与えることが可能です．詳しくは第 5 章まで待っていただくとして，ここでは x が 4 のとき (x^4) の計算方法を学んでおきましょう．キーの刻印は [$x^{■}$] [y^x] です（図 3.5）．繰り返しになりますが，これらのキーを浮動小数点 ($\times 10^x$) の入力に使わないようクギをさしておきます．

例題 3.4　$2.5^4\pi$ を計算せよ．

解答

fx-JP500　2.5 [$x^{■}$] 4 [→] [π] [=]

EL-509T　2.5 [y^x] 4 [→] [π] [=]　　答：122.718463

[$x^{■}$] [y^x] を打ったところで，四角い領域が現れます（図 3.6）．カーソルは自動的にその

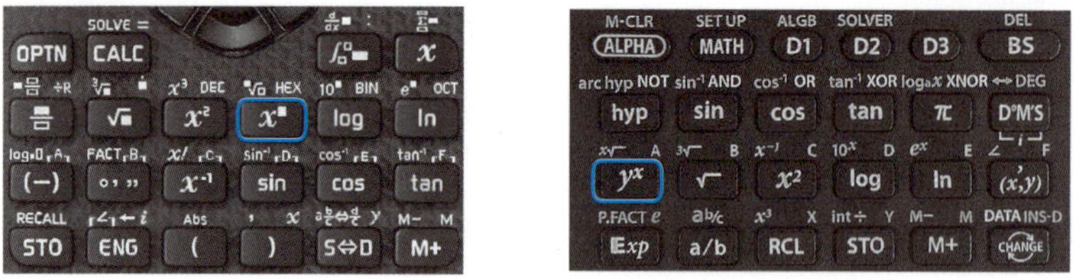

fx-JP500　　EL-509T

図 3.5　累乗キー $x^{\blacksquare}$ y^{x}

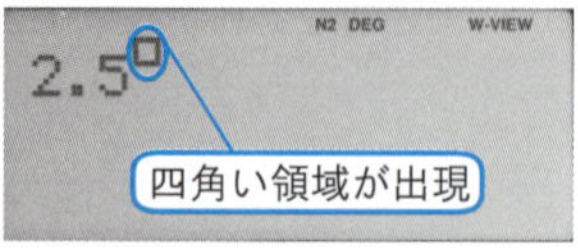

図 3.6　$x^{\blacksquare}$ y^{x} キーを押すと，累乗の引数を入力する領域が現れる

領域に移動し，領域内部への入力状態に入ります．このように，「自然表示」タイプの関数電卓は，$x^{\blacksquare}$ y^{x} や $\sqrt{\blacksquare}$ $\sqrt{\ }$ などの関数は引数を「囲み」の中に入力するように設計されています．これを，**領域型関数**とよびましょう．分数 $\frac{\blacksquare}{\blacksquare}$ a/b も，その意味では一種の領域型関数です．

領域型関数の「領域」には見えない括弧があり，領域の中の計算を終えてから，引数が関数に渡されます．したがって，領域型関数の入力を終え，先を続けるには，→ キーで領域の外に出る必要があります．

3.4 ••• 平方根

平方根も領域型関数です．キーの場所を図 3.7 に示します．まずは使ってみましょう．$\sqrt{2}$ を計算してみてください．キーの刻印は $\sqrt{\blacksquare}$ $\sqrt{\ }$ です．

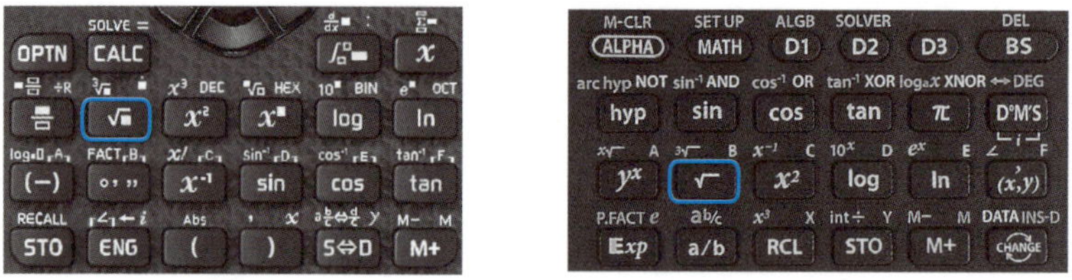

fx-JP500　　EL-509T

図 3.7　平方根キー $\sqrt{\blacksquare}$ $\sqrt{\ }$

fx-JP500 ▶ $\sqrt{\blacksquare}$ 2 =

EL-509T ▶ $\sqrt{\ }$ 2 =　　答：1.414213562

領域型関数の使い方をおさらいするため，例題に取り組みます．

例題 3.5　次の計算を行え．

(1) $\sqrt{2+3}$　(2) $\sqrt{2}+3$

解答

(1) fx-JP500　[√■] 2 [+] 3 [=]

EL-509T　[√‾] 2 [+] 3 [=]　　答：2.236067977

(2) fx-JP500　[√■] 2 [→] [+] 3 [=]

EL-509T　[√‾] 2 [→] [+] 3 [=]　　答：4.414213562

領域型関数は，引数の中に関数を置くこともできます．すると，次のようなおもしろい計算も可能です．かつて，東京大学の大学院入試にこんな問題が出されました．

例題 3.6　次の計算式はある値に収束する．収束値を求めよ（H18 東京大学大学院地球システム工学専攻入試問題より）．

$$\sqrt{2+\sqrt{2+\sqrt{2+\sqrt{2+\cdots}}}} \tag{3.7}$$

解答　もちろん，東大生はこれを紙と鉛筆で解くわけですが，ちょっとズルをして関数電卓で解いてみましょう．第 6 項まで入力すると以下のようになります．

fx-JP500　[√■] 2 [+] [√■] 2 [+] [√■] 2 [+] [√■] 2 [+] [√■] 2 [+] [√■] 2 [=]

EL-509T　[√‾] 2 [+] [√‾] 2 [+] [√‾] 2 [+] [√‾] 2 [+] [√‾] 2 [+] [√‾] 2 [=]

答：1.999397637

こんな複雑な式でもちゃんと入力できて，しかも見たままに表示されるところがすごいですね（図 3.8）．第 6 項目までの答から推測して，これを無限に計算すれば 2 になるであろう，と想像がつきます．

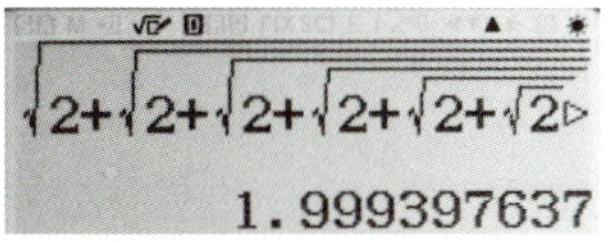

図 3.8　東大大学院の入試問題を関数電卓で解いてみる

3.5 ••• 累乗根

累乗のキーがあれば，当然**累乗根**のキーもあります．関数電卓は，ある関数に対する逆関数はその裏に配置するのが一般的です（例外も多くあります）．したがって，累乗根のキー [■√□] [ˣ√‾] は両機種とも累乗キーの裏にあります．「自然表示」タイプの電卓における累乗根は，分数と同じくブロックが二つある領域型関数です．たとえば「8 の 3 乗根」は，「3，累乗根，8」のように入力します．

fx-JP500 3 [$\sqrt[\blacksquare]{\square}$] 8 [=]

EL-509T 3 [$\sqrt[x]{\ }$] 8 [=]

答：2

はじめの「3」の入力を忘れたらどうなるのでしょうか．ちょっとおもしろい実験をやってみましょう．数式をクリアして，[$\sqrt[\blacksquare]{\square}$] [$\sqrt[x]{\ }$] キーを押します．

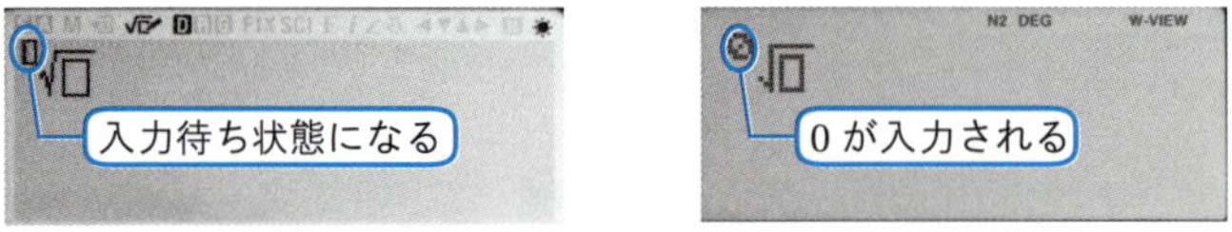

fx-JP500　　EL-509T

図 3.9　クリア状態からいきなり [$\sqrt[\blacksquare]{\square}$] [$\sqrt[x]{\ }$] キーを押したときの挙動の違い

fx-JP500 は，2 個の領域のうち，「n 乗根」の n に相当するブロックにカーソルが移動し，入力待ちになります．一方，EL-509T は，「0 乗根」が入力され，$\sqrt{\ }$ の中にカーソルが移動します．もちろん，「0 乗根」は数学的に定義できませんので，このままでは $\sqrt{\ }$ の中に何を入れてもエラーです．この勝負，fx-JP500 の判定勝ちでしょうか．

3.6 ・・・ ここまでに学んだ関数の組み合わせ

ここまでに学んだ逆数，2 乗，平方根，累乗，累乗根ですが，以下のような公式があるため（→p.63），

$$\sqrt[x]{a} = a^{1/x} \tag{3.8}$$

$$a^{-x} = \frac{1}{a^x} \tag{3.9}$$

同じ数式を計算するのにもいくつかの方法が考えられることがわかります．たとえば，

$$\frac{2}{\lambda} = \sqrt{\left(\frac{1}{8}\right)^2 + \left(\frac{1}{12}\right)^2} \tag{3.10}$$

という公式から λ を知りたい場合，どうしたらよいでしょうか．3 つほど例を示しましょう．

■ 操作例 1

fx-JP500 [$\sqrt{\blacksquare}$] [(] 1 [÷] 8 [)] [x^2] [+] [(] 1 [÷] 12 [)] [x^2] [=] [÷] 2 [=] [x^{-1}] [=]

EL-509T [$\sqrt{\ }$] [(] 1 [÷] 8 [)] [x^2] [+] [(] 1 [÷] 12 [)] [x^2] [=] [÷] 2 [=] [x^{-1}] [=]

■ 操作例 2

fx-JP500 [$\sqrt{\blacksquare}$] 1 [÷] 8 [x^2] [+] 1 [÷] 12 [x^2] [=] [÷] 2 [=] [x^{-1}] [=]

EL-509T [$\sqrt{\ }$] 8 [x^{-1}] [x^2] [+] 12 [x^{-1}] [x^2] [=] [÷] 2 [=] [x^{-1}] [=]

■ 操作例 3

fx-JP500　[$\sqrt{\blacksquare}$] 8 [$x^{\blacksquare}$] [(−)] 2 [→] [+] 12 [$x^{\blacksquare}$] [(−)] 2 [=] [÷] 2 [=] [x^{-1}] [=]

EL-509T　[$\sqrt{\ }$] 8 [y^x] [(−)] 2 [→] [+] 12 [y^x] [(−)] 2 [=] [÷] 2 [=] [x^{-1}] [=]

答：13.31280471

どの方法でも，まず式 (3.10) の右辺を計算して，λ を出すために答を 2 で割って，その逆数をとっています．1 番目の方法が 1 番素直ですが，括弧の入力が必要で，あまりよい方法ではありません．こういうときこそ，[x^{-1}] キーと [x^2] キーを使いましょう．

お勧めの手順は操作例 2 で，8 と 12 のそれぞれについて，逆数をとって 2 乗という計算を行っています．ところが，この方法が使えるのは EL-509T のみです．fx-JP500 は，[x^{-1}] と [x^2] を 2 重に作用させることができません．試してみてください．キーが反応しないでしょう？ 代わりに，「掛け算・割り算より前置型関数の優先度が高い」ルールを利用して，1 を 8^2，12^2 で割っています．かなりの高等テクニックです．

3 番目の例では，$1/8^2$ を 8^{-2} と脳内で変形して入力しています．このように，脳内である程度の式変形ができる能力を身につけると，関数電卓の入力を相当省略できます．このとき，マイナス 2 乗のマイナスには [−] を使わないよう注意してください (→p.12)．

最後に，「自然表示」らしく，分数を使ってみましょう（図 3.10）．

■ 操作例 4

fx-JP500　[$\sqrt{\blacksquare}$] [$\frac{\blacksquare}{\blacksquare}$] 1 [↓] 8 [→] [$x^2$] [+] [$\frac{\blacksquare}{\blacksquare}$] 1 [↓] 12 [→] [$x^2$] [=] [÷] 2 [=] [$x^{-1}$] [=]

EL-509T　[$\sqrt{\ }$] [a/b] 1 [↓] 8 [→] [x^2] [+] [a/b] 1 [↓] 12 [→] [x^2] [=] [÷] 2 [=] [x^{-1}] [=]

答：13.31280471

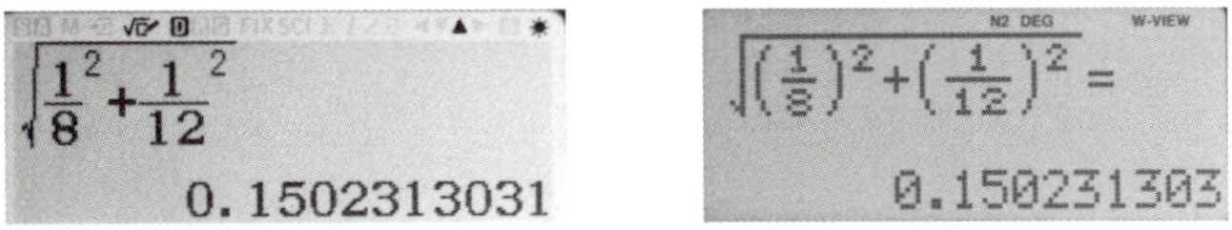

fx-JP500　　EL-509T

図 3.10　分数を使って $\sqrt{(1/8)^2+(1/12)^2}$ を計算

「自然表示」関数電卓の分数は，それ自身が領域型関数なので 2 乗に括弧は不要です．ところが，EL-509T は，上述の操作で自動的に括弧を補ってくれます．分数を使った入力は，見た目はたしかに「自然」なのですが，入力は面倒です．私は，こういう計算では分数を使いません．

3.7 ・・・ 階　乗

階乗は記号「!」で表される前置型関数で，その定義は次のようなものです．

$$0! = 1,\quad 1! = 1,\quad 2! = 1 \times 2,$$

$$3! = 1 \times 2 \times 3,\ \ldots,\ n! = 1 \times 2 \times \cdots \times (n-2) \times (n-1) \times n \tag{3.11}$$

ゼロの階乗が 1 なのは不思議ですね．階乗が使われる計算はどのようなものでしょうか．もっとも簡単な例の一つは，**順列・組み合わせ**です．たとえば，1 から n までの数字が書かれたボールがあり，そこから r 個を取り出して 1 列に並べる方法が何通りあるか，という計算は ${}_nP_r$ と書かれ，

$${}_nP_r = \frac{n!}{(n-r)!} \tag{3.12}$$

で求められます．さっそくやってみましょう．階乗キー $x!$ $n!$ の位置は，図 3.11 のとおりです．

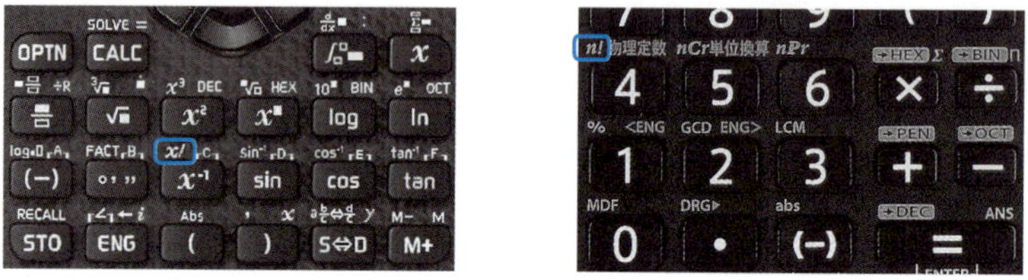

fx-JP500　　EL-509T

図 3.11　階乗キー $x!$ $n!$

例題 3.7　1 から 5 までの数字が書かれた 5 個のボールがある．そこから 3 個を取り出し，1 列に並べる方法は何通りあるか．

解答

fx-JP500　5 $x!$ ÷ (5 − 3) $x!$

EL-509T　5 $n!$ ÷ (5 − 3) $n!$

答：60 通り

ここで，$(5-3)!$ を脳内で 2!とするのもよいでしょう．もっとも，関数電卓には ${}_nP_r$ を直接計算する機能が備わっています．本書では解説しませんので，各自試してみてください．

階乗が出てくる数式で，重要なのが「テイラー展開」です．ある関数 $f(x)$ が，ある点 a の近傍で連続，かつ無限回微分可能なとき，その関数は以下のように近似できることが知られています．

$$f(x) = \sum_{n=0}^{\infty} \frac{f^{(n)}(a)}{n!}(x-a)^n \tag{3.13}$$

これを**テイラー展開**といいます．具体的な関数で書き下してみましょう．$f(x) = \sin x$ とし

て，これを $a=0$ のまわりでテイラー展開すると，以下のように表せます．

$$\sin x = \frac{1}{1!}x - \frac{1}{3!}x^3 + \frac{1}{5!}x^5 - \frac{1}{7!}x^7 + \cdots \tag{3.14}$$

ただし，角度 x は「ラジアン」[rad] で定義されています（→p.37）．

少々面倒ですが，式 (3.14) の x に $\pi/2$ を代入，第 3 項（x^5 の項）まで計算してみてください．ラジアンの定義と $\sin(\pi/2)$ の答は第 4 章で詳しく解説するので，ここでは

$$\sin\left(\frac{\pi}{2}\right) = 1 \tag{3.15}$$

と納得します．第 1 項は $1! = 1$ ですから，$\pi/2$ だけ入力すれば OK です．

fx-JP500 π ÷ 2 − 3 x! x⁻¹ (π ÷ 2) x■ 3 → + 5
x! x⁻¹ (π ÷ 2) x■ 5 =

EL-509T π ÷ 2 − 3 n! x⁻¹ (π ÷ 2) yˣ 3 → + 5
n! x⁻¹ (π ÷ 2) yˣ 5 =

答：1.004524856

たった 3 項の計算ですが，かなりの精度が出ていることがわかります．

章末問題

Q1. 体積 1,000 cm^3 の球の半径を計算せよ．

Q2. 図 3.12 において，$a = 3\,\mathrm{cm}$，$b = 2\,\mathrm{cm}$ である．c を求めよ．なお，三平方の定理により，$a^2 + b^2 = c^2$ が成立する．

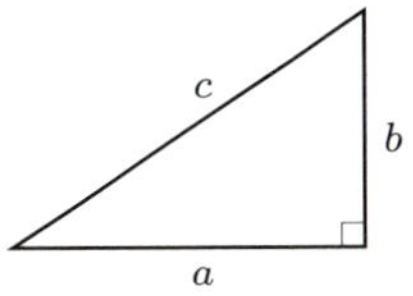

図 3.12

Q3. 容量が 2.5 pF のコンデンサーと 5.0 pF のコンデンサーを直列に接続したときの合成容量を求めよ．なお，直列接続した容量 C_1，C_2 のコンデンサーの合成容量 C は，以下の式で求められる．

$$\frac{1}{C} = \frac{1}{C_1} + \frac{1}{C_2} \tag{3.16}$$

Q4. $2^{2^{2^2}}$ を計算せよ．

Q5. $\log\sqrt{x} = (1/2)\log x$ である．この事実を，$x=2$ で確認せよ．

Q6. $\cos x$ を $x=0$ のまわりでテイラー展開すると，

$$\cos x = \frac{1}{0!}x^0 - \frac{1}{2!}x^2 + \frac{1}{4!}x^4 - \frac{1}{6!}x^6 + \cdots$$

である．x に $\pi/2$ を代入し，上式を第 4 項まで計算せよ．なお，答はゼロに近くなるはずである．

Q7. $\dfrac{1}{\left(\sqrt{\dfrac{5+3}{2+2}}\right)^3}$ を計算せよ．

Q8. 図 3.13 のように直列，並列接続された抵抗器の合成抵抗を求めよ．なお，抵抗 R_1，R_2 をもつ抵抗器について，直列接続したときの合成抵抗 R は

$$R = R_1 + R_2 \tag{3.17}$$

で，並列接続したときの合成抵抗 R は

$$\frac{1}{R} = \frac{1}{R_1} + \frac{1}{R_2} \tag{3.18}$$

で表される．紙にメモを取らず，電卓のみで計算すること．

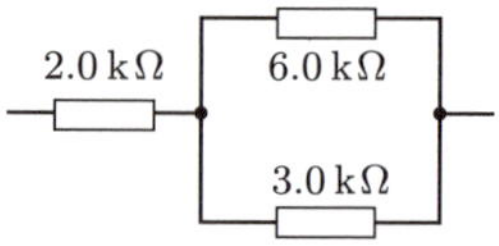

図 3.13

Q9. 関数電卓で計算可能な，最大の $n!$ の n はいくつか．

章末問題解答

A1. 6.203504909 cm

fx-JP500　3 [∛□] 1000 [×] 3 [÷] 4 [π] [=]

EL-509T　3 [∛] 1000 [×] 3 [÷] 4 [π] [=]

NOTE　式 (3.6) を変形すれば，$r = \sqrt[3]{3V/4\pi}$ です．鉛筆を使って計算してもよいのですが，慣れると脳内式変形で計算できます．コツは，r^3 を順番に裸にしていき，最後に 3 乗根をとることです．

fx-JP500　1000 [×] 3 [÷] 4 [=] [÷] [π] [=] 3 [∛□] [Ans] [=]

EL-509T　1000 [×] 3 [÷] 4 [=] [÷] [π] [=] 3 [∛] [Ans] [=]

NOTE　ラストアンサーキー [Ans] については，第 6 章で解説します．

A2. 3.605551275 cm

fx-JP500　[√■] 2 [x^2] [+] 3 [x^2] [=]

EL-509T　[√] 2 [x^2] [+] 3 [x^2] [=]

A3. 1.666666667 pF

共通　2.5 [x^{-1}] [+] 5 [x^{-1}] [=] [x^{-1}] [=]

NOTE　全体を括弧でくくるより，ラストアンサーを使ったほうが楽です．最後の [x^{-1}] [=] を忘れないように．

A4. 65536

fx-JP500　2 [$x^■$] 2 [$x^■$] 2 [$x^■$] 2 [=]

EL-509T　2 [y^x] 2 [y^x] 2 [y^x] 2 [=]

NOTE　べき乗は，上から計算するのがルールです．2 [x^2] [x^2] [x^2] とやりたいところですが，fx-JP500 ではキー操作が受け付けられず，EL-509T では $((2^2)^2)^2$ と解釈され，正しい答が得られません．

A5. 0

fx-JP500　[log] [√■] 2 [→] [)] [−] [■/□] 1 [↓] 2 [→] [log] 2 [=]

EL-509T　[log] [√] 2 [→] [−] [a/b] 1 [↓] 2 [→] [log] 2 [=]

A6. $-8.945229985 \times 10^{-4}$ | $-8.945229984 \times 10^{-4}$

fx-JP500 1 [−] 2 [$x!$] [x^{-1}] [(] [π] [÷] 2 [)] [x^2] [+] 4 [$x!$] [x^{-1}] [(] [π] [÷] 2 [)] [$x^{\blacksquare}$] 4 [→] [−] 6 [$x!$] [x^{-1}] [(] [π] [÷] 2 [)] [$x^{\blacksquare}$] 6 [=]

EL-509T 1 [−] 2 [$n!$] [x^{-1}] [(] [π] [÷] 2 [)] [x^2] [+] 4 [$n!$] [x^{-1}] [(] [π] [÷] 2 [)] [y^x] 4 [→] [−] 6 [$n!$] [x^{-1}] [(] [π] [÷] 2 [)] [y^x] 6 [=]

A7. 0.3535533906 | 0.3535339

fx-JP500 [分数] 1 [↓] [$\sqrt{\blacksquare}$] [分数] 5 [+] 3 [↓] 2 [+] 2 [→] [x^3] [=]

EL-509T [a/b] 1 [↓] [$\sqrt{}$] [a/b] 5 [+] 3 [↓] 2 [+] 2 [→] [x^3] [=]

NOTE　これくらい複雑な分数の計算なら，迷わず分数キーを使います．

A8. $4\,\mathrm{k\Omega}$

共通 6 [x^{-1}] [+] 3 [x^{-1}] [=] [x^{-1}] [=] [+] 2 [=]

A9. 69

NOTE　これは試行錯誤で探すしかありません．69! は，古い関数電卓では数秒の時間がかかることもあり，関数電卓の**ベンチマークテスト**[1]によく使われました．

Column　有効数字

科学技術において，現象と理論を結びつけるためには「計測」という行為が不可欠です．ところが，正確な「物差し」を作る技術は，それ自身が高度な先端科学技術なのです．むしろ，計測の進歩こそが科学技術の進歩を後押ししてきたといってもよいでしょう．

計測とは一般に，「未知の物理量を既知の基準量と比較し，その何倍かを知ること」と定義されます．このとき，測られた物理量をどこまで正確に決められるかで**有効数字**が決まります．例として長さの計測を考えましょう．定規には 1 mm 単位の目盛りがついています．長さは目分量で目盛りの 1/10 まで読めて，0.1 mm の桁まで測れます．このとき，たとえば計測値が 52.4 mm だったとすると，「有効数字は 3 桁である」といいます．同じ長さをノギスを使って測ると，0.01 mm の桁まで測れます．測定値が 52.45 mm だとすると，長さは「有効数字 4 桁」で計測されたことになります．

次に，ある材料でできた，均一な直方体の比重を求めることを考えます．3 辺の長さの計測値が 5.24 cm，2.40 cm，3.01 cm だったとしましょう．次に，質量を天秤で量って 39.23 g だったとします．

比重の計算は，関数電卓を使い，

共通 39.23 [÷] [(] 5.24 [×] 2.40 [×] 3.01 [=]

答：$1.036356758\,\mathrm{g/cm^3}$

ですが，ちょっと待ってください．長さと質量の有効数字がそれぞれ 3 桁，4 桁しかないのに，比重にこんなたくさんの有効数字があるはずはありません．

測定値どうしの演算結果として得られた物理量の有効数字に関しては，本来はきちんとした理論があるのですが，ここでは，以下のもっとも基本的なルールを理屈ぬきで覚えてください．

「測定値の積・商の有効数字は，測定値の有効数字のうちもっとも桁数が少ないものに合わせる」

[1] 計算機の処理速度を比較するための標準的な計算のことです．

したがって上の例では，答の有効数字は 3 桁になり，4 桁目を四捨五入して比重は 1.04 g/cm^3 です．

本書は，電卓の使い方を学ぶことを主眼にしているため，あえてすべての計算の解を電卓の表示桁数いっぱいまで記しています．しかし，電卓で計算された答を，そのまま解答用紙や設計図や論文に書き込むことは慎んでください．「有効数字も勉強してこなかったのか！」と怒られてしまいますよ．

もちろん，関数電卓には，有効数字を決めて自動的に表示する機能があります．しかし，計測値の有効数字は問題ごとに異なり，それをいちいちモード切り替えで決めてから計算に入るのは大変面倒なものです．私の長年の経験から，関数電卓は Norm モードで表示させ，有効数字は暗算で計算してから必要な資料に書き写すのが，もっともよい方法であると考えます．

Chapter 04
三角関数

本章と第 5 章では，関数電卓の主要な機能である三角関数と指数・対数の計算について学んでいきます．どちらも科学技術において大変重要な位置を占める関数で，関数電卓の主要な機能といってもよいでしょう．「高校で習ったけれど忘れてしまった」，という人を念頭に，解説は関数の定義からスタートします．「もう知っている」という人は読み飛ばしてしまってもかまいません．

4.1 ••• 角度の定義と角度モード

三角関数の場合，関数の定義の前に角度の定義をしなくてはなりません．1 回転の角度を何度と数えるかというと，普通は 360 度ですね．この定義は度数法（単位は英語で degree，略して [deg]）とよばれます．一方，科学技術の世界では，これとは異なる角度の定義が主流です．これは**弧度法**とよばれ，単位はラジアン（略して [rad]）を用います．1 ラジアンの定義は，「半径と同じ長さの円弧を描き，その円弧を切り取る 2 本の半径のなす角」というものです．図に描くと，図 4.1 のようになります．ラジアンをこのように定義すると，$360° = 2\pi$ rad という関係になります．随分と中途半端な角度になりますが，なぜこのような定義が重要なのでしょうか．

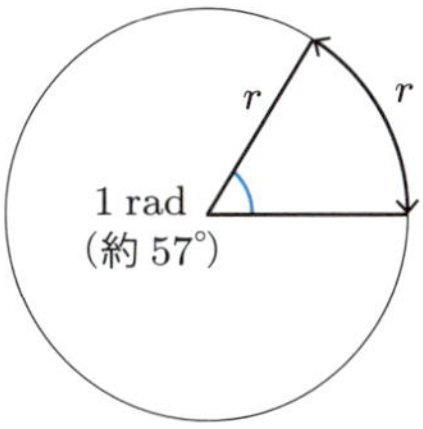

図 4.1　弧度法（ラジアン）の単位の角度の定義

理由はいくつかありますが，その最たるものが微分・積分との相性のよさでしょう．角度 θ を [rad] で表したときにのみ，以下の関係が成立します．

$$\frac{\mathrm{d}}{\mathrm{d}\theta}\sin\theta = \cos\theta \tag{4.1}$$

$$\frac{\mathrm{d}}{\mathrm{d}\theta}\cos\theta = -\sin\theta \tag{4.2}$$

ほかにも，「半径 r のタイヤが θ rad 回転すると，進んだ距離は $r\theta$」といった関係が成り立つのも弧度法の特徴です．こういった特徴から，科学技術（とくに基礎科学）の分野で

表 4.1　主要な角度の換算表

度 [deg]	ラジアン [rad]
30	$\pi/6$
45	$\pi/4$
60	$\pi/3$
90	$\pi/2$
180	π
360	2π

は，とくに断らない限り，角度は [rad] で測ります．大学に入りたての学生諸君を見ていると，この点に少なからず戸惑いを覚えるようなので，早めに慣れてください．主要な角度の [deg]，[rad] 換算表を**表 4.1** に示します．最低これくらいは暗記してください．

これ以外にも，どの電卓にも必ず付いている角度の単位としてグラード [grad] があります．これは 1 回転を 400 で割った単位なのですが，ほとんど使われる機会はありません．

関数電卓は，入力された数値が [deg] なのか，[rad] なのかを，現在の**角度モード**で判断します．したがって，三角関数の計算は，角度モードを正しく選択しないと正しい解が得られません．角度モードの切り替えは以下の操作で行います．

■ 角度モードの変更	deg モード（度数法）	rad モード（弧度法）
fx-JP500	SETUP 2 1	SETUP 2 2
EL-509T	SETUP 0 0	SETUP 0 1

関数電卓で三角関数を計算するとき，現在の角度モードは常に意識しておくべき大切な情報です．したがって，角度モードはステータスエリアに常時表示されています（図 4.2）．

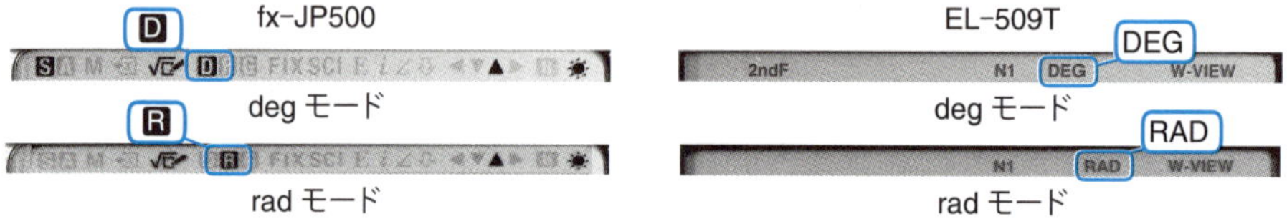

図 4.2　角度モードの表示

4.2 ･･･「三角関数」の定義

図 4.3 は，直角三角形とその 3 辺の長さを表しています．この三角形の a，b，c の比率は，θ を決めると決まり，これらを**三角比**とよびます．よく使われる三角比は**サイン**（正弦，sin），**コサイン**（余弦，cos），**タンジェント**（正接，tan）の 3 つで，それぞれ以下のように定義されています．

$$\sin\theta = \frac{b}{c} \tag{4.3}$$

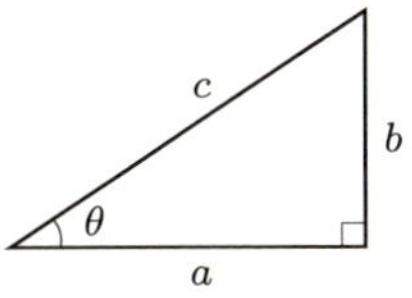

図 4.3　直角三角形とその 3 辺の長さ

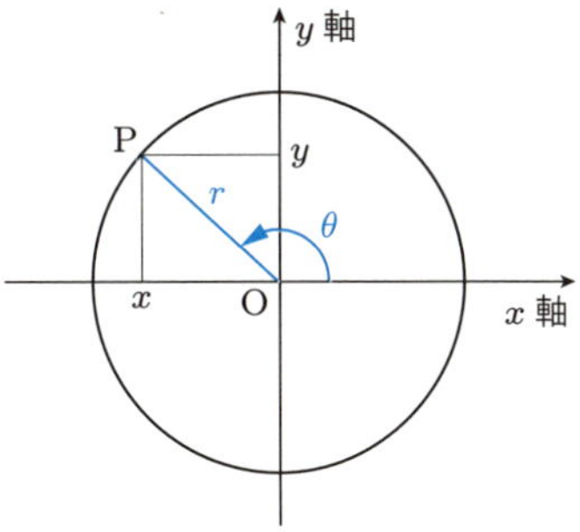

図 4.4　三角関数の定義

$$\cos\theta = \frac{a}{c} \tag{4.4}$$

$$\tan\theta = \frac{b}{a} \tag{4.5}$$

図 4.4 は，図 4.3 の定義を拡張した，**三角関数**の定義です．原点に中心をもつ半径 r の円を考え，三角関数を以下のように定義します．

$$\sin\theta = \frac{y}{r} \tag{4.6}$$

$$\cos\theta = \frac{x}{r} \tag{4.7}$$

$$\tan\theta = \frac{y}{x} \tag{4.8}$$

このように定義された三角関数は，任意の角度を引数にとることができます．また，三角関数は，角度によっては負の値をとることに注意してください．横軸を角度 θ，縦軸を関数の値にとったグラフを**図 4.5** に示します．角度は [rad] で表示しました．sin，cos は 2π，tan は π の周期をもつ**周期関数**になっています．

ではさっそく，角度モードの切り替えも含めた操作の練習をしましょう．三角関数は関数電卓でももっとも重要な関数の一つです．したがって，その場所はファンクションエリアの

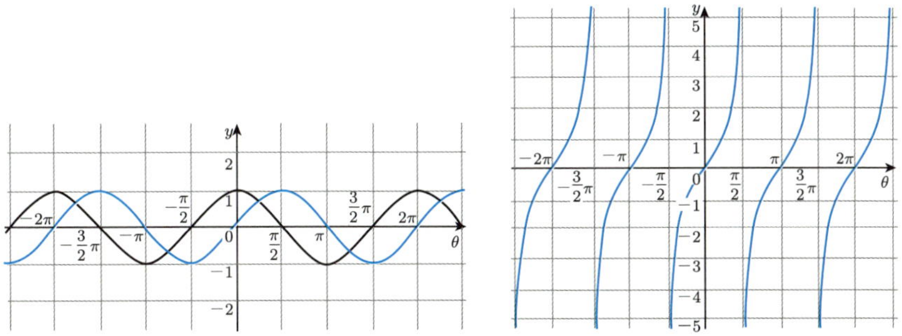

（a）$y = \sin\theta$　（b）$y = \cos\theta$　（c）$y = \tan\theta$

図 4.5　$\sin\theta$，$\cos\theta$，$\tan\theta$ のグラフ

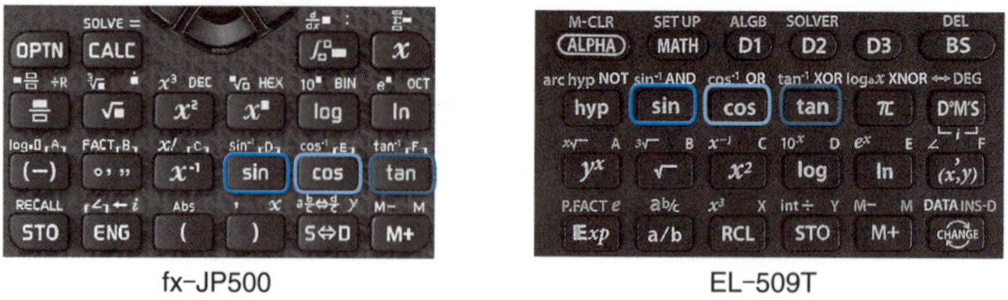

図 4.6　三角関数（sin，cos，tan）のキー

一等地で，左から sin，cos，tan の順番に並んでいます（図 4.6）．以降，本書では，三角関数の問題は rad deg のように，操作の前に角度モードを明示します．これは，「角度モードを切り替えよ」という意味に解釈してください．

例題 4.1　以下の三角関数を計算せよ．

(1) $\sin(\pi/6)$（角度は [rad]）　(2) $\sin(30)$（角度は [deg]）

解答

(1) fx-JP500　rad　sin π ÷ 6 =

EL-509T　rad　sin (π ÷ 6 =　答：0.5

(2) 共通　deg　sin 30 =　答：0.5

三角関数は，端的にいえば，直角三角形の斜辺と，その他の 2 辺の比率にすぎません．いったいこれが，なぜそれほど重要なのでしょうか．いくつかの例を示します．

2 次元平面があるとき，ある点 P の位置を指定するときは，普通は直交する x 軸，y 軸をとり，(x, y) の組で表します．これを**デカルト座標**といいますが，位置を指定する方法はそれだけではありません．代表的なものは**極座標**で，原点 O から点 P までの長さ r と，基準線と OP のなす角度 θ の組でも点の位置を指定できます．力学では回転運動，電磁気学では球対称な電場など，極座標を使うと容易に記述できる問題は多くあり，デカルト座標と同様によく使われます．

極座標の (r, θ) をデカルト座標の (x, y) に変換する公式は，

$$x = r\cos\theta \tag{4.9}$$

$$y = r\sin\theta \tag{4.10}$$

と表されます．測量では，極座標とデカルト座標の相互変換が頻繁に行われるため，座標変換には専用の関数が用意されています．これについては第 9 章で詳しく解説します．

次の例です．ばねに取り付けられたおもりや，振幅の小さい振り子の振動などは，**単振動**とよばれます．そして，単振動を記述するのも三角関数です．図 4.7 のように，ばねに付けられたおもりの位置 x，速度 v，加速度 a の時間変化をそれぞれ時間 t の関数で表すと，

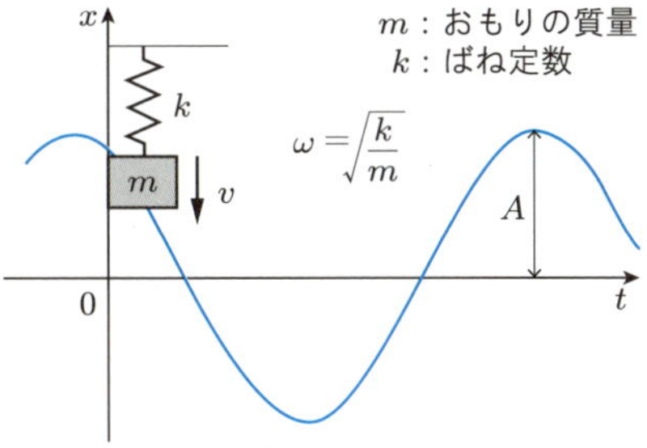

図 4.7　ばねに取り付けられたおもりの運動（単振動）

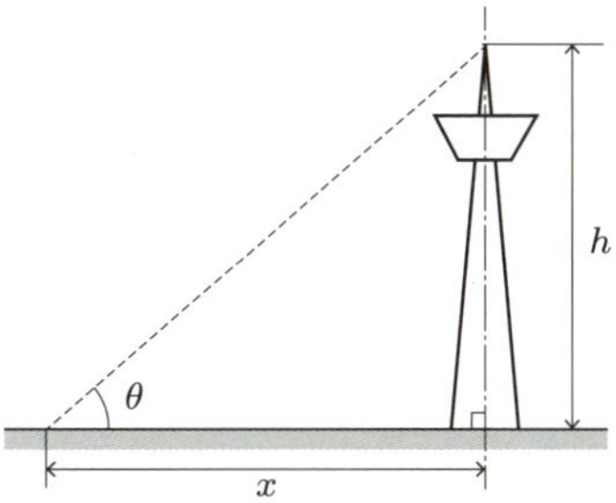

図 4.8　三角関数を使って塔の高さを測る

$$x(t) = A\cos(\omega t + \delta) \tag{4.11}$$

$$v(t) = -\omega A\sin(\omega t + \delta) \tag{4.12}$$

$$a(t) = -\omega^2 A\cos(\omega t + \delta) \tag{4.13}$$

A：振幅，ω：角振動数，δ：初期位相

となります．

三角関数は，測量技術の一つとしても活用されています．図 4.8 のような直接測れない長さを，三角関数を使えば知ることができるのです．いま，ある塔の高さ h を知りたいと思ったら，塔の基点から距離 x の位置に立ち，地面から塔の先端を見上げたときの角度 θ を求めます．三角関数の定義から，塔の高さは，

$$h = x\tan\theta \tag{4.14}$$

となることがわかります．このような，三角関数を用いた測量は**三角測量**とよばれ，天文，航行の分野でも活躍しています．身近な例では，GPS による位置計測も三角測量の原理に基づいています．三角関数が応用される分野はまだまだ数限りなくありますが，ここではこれくらいにしておきましょう．

4.3 ••• 三角関数の 2 乗（$\sin^2$，$\cos^2$，$\tan^2$）

どういう事情かはわかりませんが，$\sin\theta$ の 2 乗，$(\sin\theta)^2$ は習慣的に $\sin^2\theta$ と書く決まりになっています．関数電卓には **sin²** キーはありませんから，**sin** キーと **x^2** キーと組み合わせます．演算の優先順位についてのよい演習にもなるので，ここで確認しましょう．

例題 4.2　rad モードで，以下の数式を計算せよ．

$$\sin^2\left(\frac{\pi}{6}\right) \tag{4.15}$$

解答

fx-JP500　rad　sin　π　÷　6　)　x^2　=

EL-509T　rad　(　sin　(　π　÷　6　)　)　x^2　=　　答：0.25

操作が随分と異なりますが，これは，fx-JP500 と EL-509T の，関数直後の開き括弧に関する解釈が異なるためです．fx-JP500 は，「sin(」の開き括弧は sin と一体であり，分かつことができません．したがって，$\sin(\pi/6)^2$ とは，「$\sin(\pi/6)$ を 2 乗する」と解釈されます．一方，EL-509T は，「関数直後の単一の数値」が引数です．したがって，$\sin(\pi/6)^2$ は，「$(\pi/6)^2$ を三角関数に与える」と解釈されてしまいます．そのため EL-509T は，$\sin(\pi/6)$ を 2 乗するために，sin の外側に括弧を使う必要があるのです．この解釈の違いは，この先も複数の関数を組み合わせるときに，たびたび両機の操作の違いとして現れます（図 4.9）．

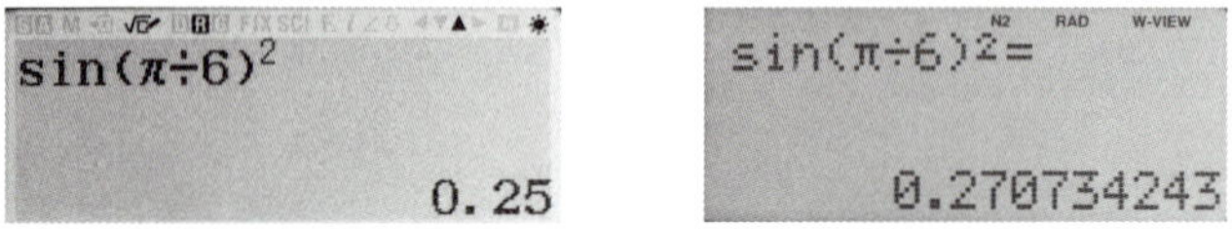

fx-JP500　　EL-509T

図 4.9　見た目が同じでも，結果が異なる計算の例

4.4 ••• sec，cosec，cot

4.2 節では，「sin，cos，tan はよく使われる三角比」と紹介しました．ここでは，あまり使われない三角比を紹介します．a，b，c の定義は図 4.3 に従います．

$$\sec\theta = \frac{c}{a} \tag{4.16}$$

$$\operatorname{cosec}\theta = \frac{c}{b} \tag{4.17}$$

$$\cot\theta = \frac{a}{b} \tag{4.18}$$

それぞれ，**セカント**（正割，sec），**コセカント**（余割，cosec），**コタンジェント**（余接，cot）と読みます．ただし，上の定義から，ただちに

$$\sec\theta = \frac{1}{\cos\theta} \tag{4.19}$$

$$\operatorname{cosec}\theta = \frac{1}{\sin\theta} \tag{4.20}$$

$$\cot\theta = \frac{1}{\tan\theta} \tag{4.21}$$

の関係が成り立つので，関数電卓には sec，cosec，cot のキーはありません．それぞれ cos，sin，tan を計算してから逆数をとります．具体的な問題を二つほど解いてみましょう．

例題 4.3　図 4.10 のように，天井から 2 本のひもで吊るされたライトがある．ライトの質量を $m = 3.0\,\mathrm{kg}$，重力加速度の大きさを $g = 9.8\,\mathrm{m/s^2}$，$\theta = 30°$ として，2 本のひもそれぞれに加わる張力 T を求めよ．

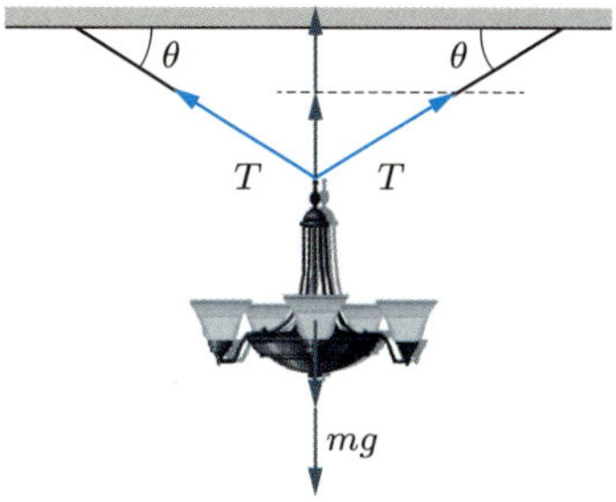

図 4.10　天井からひもで吊るされたライト

解答　ライトにはたらく力は，鉛直下向きの重力と 2 本のひもの張力です．物体が静止しているとき，物体にはたらく力は釣り合っています．水平方向の力は対称で打ち消し合っているのは自明ですから，いまは鉛直方向の釣り合いだけを議論すれば十分です．張力を鉛直方向と水平方向に分解して，鉛直方向の力の釣り合いの式を立てると，

$$2T \sin\theta = mg \tag{4.22}$$

が得られ，これを T について解けば，

$$T = \frac{mg \operatorname{cosec}\theta}{2} \tag{4.23}$$

を得ます．

ただし，関数電卓は $\operatorname{cosec}\theta$ が直接計算できませんから，以下の形で計算します．こういう計算は，積極的に分数を活用しましょう．

$$T = \frac{mg}{2\sin\theta} \tag{4.24}$$

fx-JP500　[deg]　[分数] 3 [×] 9.8 [↓] 2 [sin] 30 [)] [=]

EL-509T　[deg]　[a/b] 3 [×] 9.8 [↓] 2 [sin] 30 [=] [CHANGE] [CHANGE]　答：29.4 N

fx-JP500 は，最後の閉じ括弧を省略するとエラーになるので注意が必要です．

例題 4.4　図 4.11 のように，地上の 2 点 A，B から，ピラミッド頂上を見上げる角度を計測した．この結果から，ピラミッドの高さを求めよ．

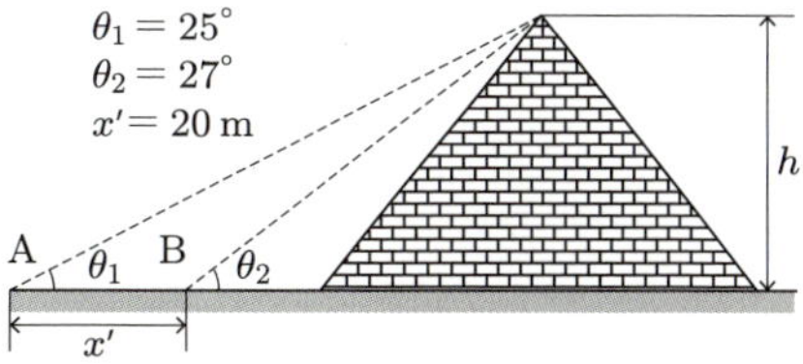

図 4.11　ピラミッドの高さを測る

解答　塔の高さを測る方法を図 4.8 に示しましたが，相手がピラミッドのように幅広なものだと，水平距離 x を知ることができ

ません．この場合は，適当に離れた 2 点 A，B での仰角 θ_1，θ_2 と，A，B 間の距離 x' を測り，以下の公式を使えば高さが計算できます．

$$h = \frac{x'}{\cot\theta_1 - \cot\theta_2} \tag{4.25}$$

証明は難しくないので，各自挑戦してみてください．

具体的な数値を代入，計算します．$\cot\theta = 1/\tan\theta$ を思い出して，一気に入力してみてください．

fx-JP500　deg　[□] 20 [↓] [tan] 25 [)] [x^{-1}] [−] [tan] 27 [)] [x^{-1}] [=]

EL-509T　deg　[a/b] 20 [↓] [(] [tan] 25 [)] [x^{-1}] [−] [(] [tan] 27 [)] [x^{-1}] [=]

答：109.9526893 m

4.5 ・・・ 逆三角関数

逆三角関数は，三角関数の逆関数です．習慣的に $\sin^{-1}$，$\cos^{-1}$，$\tan^{-1}$ と書きますが，逆数ではありません．$y = f(x)$ のとき $x = f^{-1}(y)$ と表す，逆関数の記号法を用いているにすぎません．英語ではそれぞれ arcsin，arccos，arctan と書き，**アークサイン**，**アークコサイン**，**アークタンジェント**とよびます．キーは当然のように [sin]，[cos]，[tan] の裏にあり，刻印は [$\sin^{-1}$]，[$\cos^{-1}$]，[$\tan^{-1}$] です．まずは，簡単な計算をやってみます．

例題 4.5　$\sin\theta$ が 0.4 になる角度を [deg] で求めよ．

$$\theta = \sin^{-1}(0.4) \tag{4.26}$$

解答

共通　deg　[$\sin^{-1}$] 0.4 [=]　答：23.57817848°

読者の皆さんは，30° や 45° など，いくつかの代表的な角度で $\sin\theta$ がどのような値をとるかは，暗記していてご存知かと思います．しかし，「それ以外の任意の角度」の $\sin\theta$ や，ましてや，「$\sin\theta$ がある値をとるような θ」を求めることは到底できないでしょう．このような計算は，測量や機械設計などに携わると数限りなく登場します．関数電卓がなかった頃は，「計算尺」や「三角関数表」などを用いて，苦労してこれらの値を求めていましたが，関数電卓は同じ答をあっという間に，きわめて高精度に返します．

ここで，関数電卓が返す逆三角関数の答について注意すべき点があります．図 4.5 を見ればわかるように，たとえば $\sin\theta$ が 0.4 になるような θ は無数にあります．このような関数を**多値関数**とよびます．このとき，関数電卓が返す逆三角関数の値は，**主値**とよばれる範囲から選ばれます．主値の範囲を [rad] で記述すると，$\sin^{-1}$ は $-\pi/2 \leq \theta \leq \pi/2$，$\cos^{-1}$ は，

$0 \leq \theta \leq \pi$，$\tan^{-1}$ は $-\pi/2 < \theta < \pi/2$ です．

逆三角関数は，三角関数が使われる分野の問題には頻繁に登場します．なぜなら，三角関数を使う問題があるとき，その問で与えられた変数を解とするような問題には，逆三角関数が使われるためです．たとえば例題 4.3 で，ひもの張力がわかっていて，ひもと天井がなす角度がわからない問題を考えてください．このように，ある問題に対して，その問題の解から出発する問題は**逆問題**とよばれます．例として，放物運動を取り上げましょう．

例題 4.6　初速度 30 m/s でボールを投げ上げ，50 m 先に着地するようにしたい．投げ上げの仰角は何度としたらよいか．重力加速度の大きさを 9.8 m/s^2 として答えよ．

解答　放物運動の仰角，初速度，到達距離の関係は以下の式で表せます．

$$R = \frac{v_0^2 \sin(2\theta)}{g} \tag{4.27}$$

R：到達距離，　v_0：初速度，　θ：仰角，　g：重力加速度

未知量は θ ですから，式 (4.27) を以下のように変形します．

$$\theta = \frac{1}{2}\sin^{-1}\left(\frac{Rg}{v_0^2}\right) \tag{4.28}$$

では，計算しましょう．角度モードは deg で行きます．

fx-JP500　deg　0.5 sin⁻¹ 50 × 9.8 ÷ 30 x^2 =

EL-509T　deg　0.5 sin⁻¹ (50 × 9.8 ÷ 30 x^2 =　　答：16.49335354°

すなわち，ちょうど 50 m の位置に着地させるためには，約 16.5° の角度で投げ上げればよい，ということがわかりました．

しかしこの問題は，これが唯一の正解ではありません．実は，角度 73.5° でもボールは 50 m の位置に着地します（図 4.12）．念のため，式 (4.27) で計算してみましょう．

fx-JP500　deg　30 x^2 sin 73.5 × 2) ÷ 9.8 =

EL-509T　deg　30 x^2 sin (73.5 × 2) ÷ 9.8 =　　答：50.01787056 m

一体どういうことでしょうか．図 4.5 をもう一度見てください．$\sin\theta = 1$ のような特別

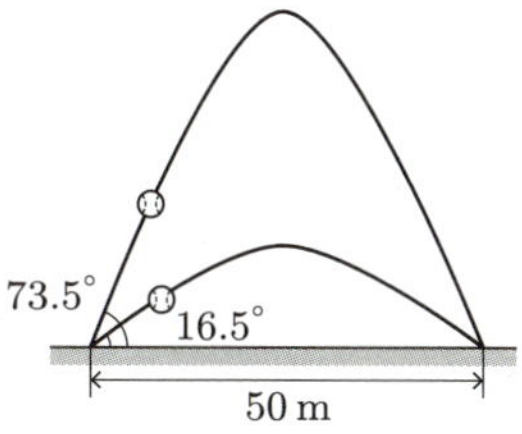

図 4.12　例題 4.6 の投げ上げ問題には，正解が二つある．

な場合を除き，$\theta = \sin^{-1} x$ を満たす θ は 0 から 180° の間に二つあります．いまの問題は，このどちらの θ でも題意を満たすのですが，関数電卓はそのうち主値のみしか返しません．したがって，主値でない逆三角関数の解が題意を満たすかどうかは，手計算で求めなければならないのです．

表 4.2 は，0〜360°，あるいは 0〜2π rad の範囲で，逆三角関数のもう一つの解がどこにあるかを示した早見表です．一見難しそうですが，三角関数のグラフを想像すれば難しくありません．$\sin\theta$ は 90° を軸にして左右対称な形をしているので，$\sin\theta$ と $\sin(180° - \theta)$ は同じ値になるはずです．$\cos\theta$ は $\theta = 0$ を軸にした偶関数なので，$\cos\theta = \cos(-\theta)$ です．$\tan\theta$ は，ただ「円の反対側も同じ値」と覚えておきましょう．

表 4.2　逆三角関数の主値と，もう一つの解

	主　値		もう一つの解	
	[deg]	[rad]	[deg]	[rad]
sin	$-90 \leq \theta \leq 90$	$-\frac{\pi}{2} \leq \theta \leq \frac{\pi}{2}$	$180 - \theta$	$\pi - \theta$
cos	$0 \leq \theta \leq 180$	$0 \leq \theta \leq \pi$	$-\theta$	$-\theta$
tan	$-90 < \theta < 90$	$-\frac{\pi}{2} < \theta < \frac{\pi}{2}$	$\theta + 180$	$\theta + \pi$

例題 4.6 なら，逆三角関数の部分

$$\phi = \sin^{-1}\left(\frac{Rg}{v_0^2}\right) \tag{4.29}$$

を計算し，主値でない角度も題意を満たすかどうか吟味してください．この問題の場合，θ としてありうる値は $0 < \theta < 90°$ です．つまり，

$$\theta' = \frac{1}{2}(180 - \phi)\ [\mathrm{deg}] \tag{4.30}$$

が $0 < \theta' < 90°$ の範囲にあれば，これも解となります．

fx-JP500　[deg]　[sin⁻¹] 50 [×] 9.8 [÷] 30 [x^2] [=] 0.5 [×] [(] 180 [−] [Ans] [=]
EL-509T　[deg]　[sin⁻¹] [(] 50 [×] 9.8 [÷] 30 [x^2] [=] 0.5 [×] [(] 180 [−] [Ans] [=]

答：73.50664646°

NOTE　ラストアンサーキー [Ans] については第 6 章で解説します．

似たような問題をもう一つ解いてみます．

例題 4.7　初速度 30 m/s でボールを投げ上げ，100 m 先に着地するようにしたい．投げ上げの仰角は何度としたらよいか．重力加速度の大きさを 9.8 m/s² として答えよ．

解答

fx-JP500　[deg]　0.5 [sin⁻¹] 100 [×] 9.8 [÷] 30 [x^2] [=]

EL-509T deg 0.5 $\sin^{-1}$ (100 × 9.8 ÷ 30 x^2 =

答：Math ERROR ｜Error 2

エラーが出て計算できません．一体どういうことでしょうか．これは，「初速度 30 m/s では，どんなに頑張っても 100 m 先までボールは届かない」，ということを意味しているのです．逆三角関数の引数，Rg/v_0^2 をもう一度計算してみてください．答は 1.09 で，1 を超えています．sin，cos は −1 から 1 までの間で変化する周期関数ですから，$\sin\theta = 1.09$ を満たす θ はどこにもないわけです．$\theta = \sin^{-1} x$，$\theta = \cos^{-1} x$ において，x に許される値は $-1 \leq x \leq 1$ の範囲に限られます．一方で，$\theta = \tan^{-1} x$ は，あらゆる x に対して対応する角度 θ が存在します．

4.6 ••• 双曲線関数（sinh，cosh，tanh）

sinh，cosh，tanh も三角関数の仲間です．それぞれ**ハイパーボリックサイン**，**ハイパーボリックコサイン**，**ハイパーボリックタンジェント**と読みます．ハイパーボリックとは，直訳すると「双曲線」のことで，これらの関数はまとめて**双曲線関数**とよばれます．

双曲線関数は，以下のように定義されています．

$$\cosh x = \frac{e^x + e^{-x}}{2} \tag{4.31}$$

$$\sinh x = \frac{e^x - e^{-x}}{2} \tag{4.32}$$

$$\tanh x = \frac{\sinh x}{\cosh x} \tag{4.33}$$

ここで，e は定数で，**ネイピア数**です．e^x は**指数関数**とよばれ，これについては第 5 章で詳しく学びます．しかしそれ以前に，一体これらのどこが三角関数の仲間なのでしょうか．それは，以下に示す $\sin\theta$，$\cos\theta$，$\tan\theta$ に関するオイラーの公式（→p.153）を見れば納得です．

$$\cos x = \frac{e^{ix} + e^{-ix}}{2} \tag{4.34}$$

$$\sin x = \frac{e^{ix} - e^{-ix}}{2i} \tag{4.35}$$

ここで，i は**虚数単位**で，$i^2 = -1$ です．虚数に関する詳しい説明は，第 10 章を参照してください．ここでは，式 (4.34)，(4.35) の関係が成立すること，したがって，式 (4.31)，(4.32) で定義される関数が三角関数の仲間に分類されることを納得していただければ十分です．

本書で，双曲線関数の意味や性質について詳しく説明することは，その趣旨を越えてしまいます．ここでは，「そう定義される関数がある」ということだけを説明しておきましょう．

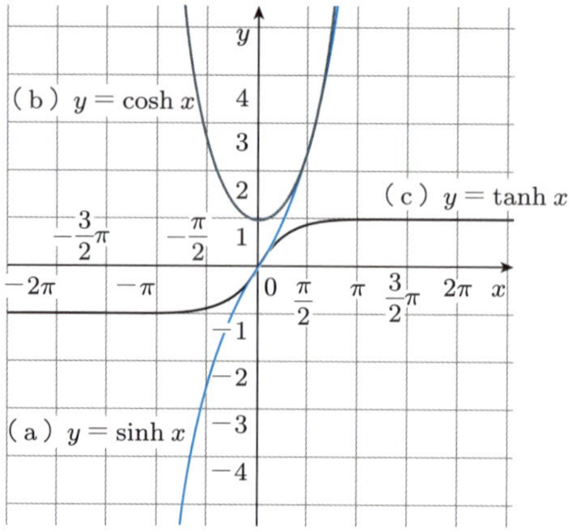

図 4.13　$\sinh x$，$\cosh x$，$\tanh x$ のグラフ

$\sinh x$，$\cosh x$，$\tanh x$ のグラフは図 4.13 のようになります．今度は，どれも周期関数ではなくなります．また，双曲線関数の引数には [deg]，[rad] といった角度の概念はありません．

双曲線関数も物理学のいろいろな分野に登場しますが，大学 1，2 年度程度の範囲ではまだ見かける機会はないでしょう．たとえば，一般相対性理論や非線形波動方程式などを習うと，双曲線関数のお世話になると思います．本書では，日常的な例として**カテナリー曲線**（**懸垂線**）を取り上げます．カテナリー曲線とは，両端の 2 点で支えられた一様な線密度をもつしなやかなひもが，重力場で安定したときに描く曲線です．たとえば送電線，電車の架線を吊るしている線などがカテナリー曲線です◆1．

例題 4.8　図 4.14 のように，単位長さあたり重量が 1.0 kg/m，長さ 50 m の鋼線の両端を滑車で支持し，1,000 kg のおもりで引っ張る．鋼線が中央でどの程度たるむか，長さ D を計算せよ．ただし，径間 s [m]，単位長さあたり重量 W [kg/m]，張力 T [kgf] で張られた鋼線が，径間を結んだ直線からどの程度垂れ下がるかは，以下のように表される[1]．

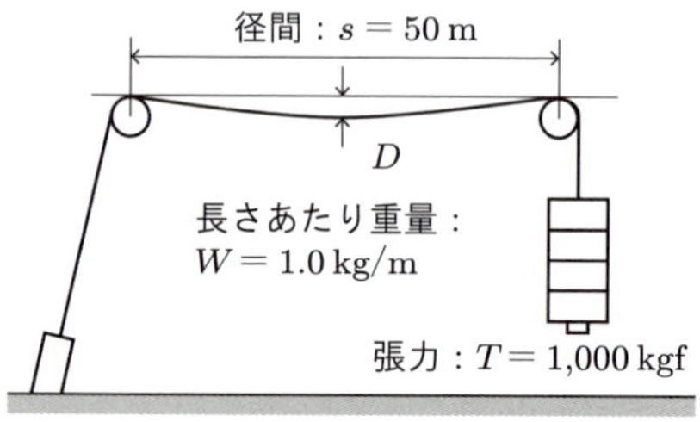

図 4.14　電車の架線を支えるカテナリー

$$D=\frac{T}{W}\left\{\cosh\left(\frac{Ws}{2T}\right)-1\right\} \tag{4.36}$$

解答　まずは，双曲線関数の入力方法から説明します．EL-509T は簡単で，**sin** キーの隣の **hyp** キーを押し，続けて **sin**，**cos**，**tan** のいずれかを押すと双曲線関数にな

◆1　電車の架線は水平でないとパンタグラフから浮いてしまうので，カテナリー線からさらに短いハンガーで吊っています．

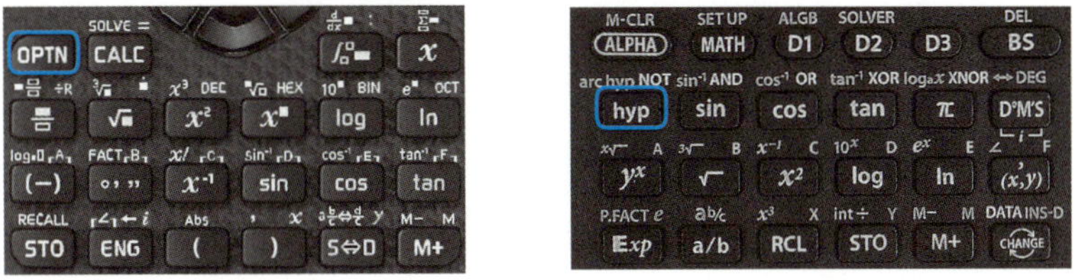

fx-JP500　　　EL-509T

図 4.15　双曲線関数の呼び出し方

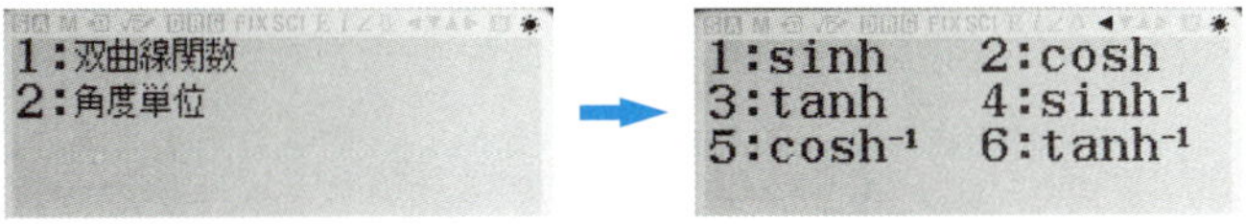

図 4.16　fx-JP500 は [OPTN] キーから「1：双曲線関数」を選択する

ります（図 4.15）．一方，fx-JP500 は，オプションキー [OPTN] から「1：双曲線関数」を選びます（図 4.16）．

fx-JP500　1 [×10^x] 3 [(] [OPTN] [1] [2] 50 [÷] 2 [×10^x] 3 [)] [−] 1 [=]

EL-509T　1 [Exp] 3 [(] [hyp] [cos] [(] 50 [÷] 2 [Exp] 3 [)] [−] 1 [=]

答：0.3125162764 m ｜ 0.312516276 m

この計算では，いくつかの入力省略テクニックを使いました．まず，W は 1.0 なので入力は省略しています．次に，1,000 は 1 [×10^x] [Exp] 3 と打ってしまいました．これは，好みの問題かもしれません．そして，cosh の引数は，分母の 2 × 1,000 を直接 2 [×10^x] [Exp] 3 と入力しています．これくらいの単純な計算なら，正直に入力するよりは暗算で計算してから代入するほうが，かえって入力ミスによるエラーも防げます．

この問題で与えられた数値は，都市部を運行する電車の架線に近い値です．計算された中央の沈み込みは両端から 31 cm で，これも実際のものと近い値となりました．今度電車に乗ったら，線路の脇を注意深く見てみてください．架線を引っ張っているおもりが見つかるかもしれません．

橋梁，建築などで見かける「アーチ構造」を，カテナリー曲線を上下反対にした曲線で作ることは大変合理的な設計です．理由は次のように説明できます．カテナリー曲線とは自由に動けるひもが重力下で安定したときの形ですから，ひもには引っ張りの力だけがはたらいている状態といえます．アーチの曲線を逆カテナリーとすると，アーチを構成しているブロックには圧縮力だけがはたらき，横方向にずれようとしないので大きな力に耐えられるのです．このことは経験的に知られていて，世の東西を問わず，美しいアーチ構造は多くの古代建築に見ることができます（図 4.17）．

図 4.17　アーチ構造の例．ポン・デュ・ガール（フランス）．
BC19 年頃，古代ローマ帝国により建設された水道橋．

4.7 ･･･ 三角関数の応用

本節では，三角関数が活用される問題を，物理・工学のいくつかの分野から選んで取り上げます．しかし，三角関数が使われる分野はあまりにも膨大で，ここで取り上げた例はほんの一部にすぎないことをお断りしておきます．

4.7.1 ● ベクトル

力学でも，電磁気でも，物理学には**ベクトル**の概念が欠かせません．そしてベクトルの演算には三角関数が関係してきます．ここでは，ベクトルの考え方が重要な学問分野の代表として**ニュートン力学**を取り上げ，「内積」と「外積」の概念と，その使い方の例を一つずつ示します．

例題 4.9　図 4.18 に示されるように，摩擦のある床に置かれた質量 3.0 kg のおもりを，斜め上 25° の方向から引っ張り，一定の速度で動かす．重力加速度 $\boldsymbol{g}$ の大きさを 9.8 m/s^2，おもりと床の間の動摩擦係数 μ_k を 0.50 として，以下の問に答えよ．

(1) おもりを引く力 $\boldsymbol{F}$ の大きさを求めよ．

(2) おもりが 4.0 m 動いたとき，発生した摩擦熱を求めよ．

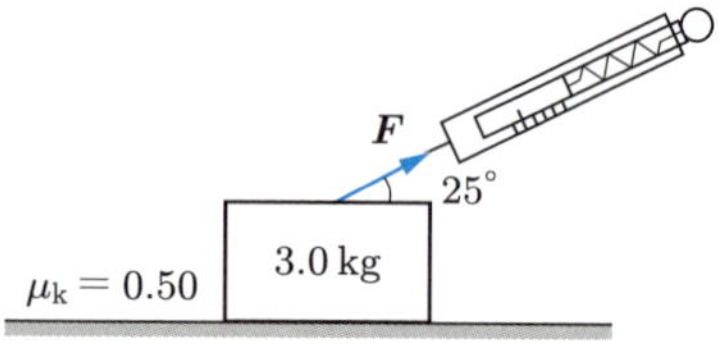

図 4.18　摩擦のある床で，おもりを斜め上に引いて動かす

解答　おもりが一定の速度で運動するためには，おもりにはたらく力が釣り合っていなくてはなりません．ところが，おもりにはたらく力の方向はバラバラで，釣り合っているかどうかをこのまま判断することは困難です．一方，「力」はベクトルの物理量ですから，いつでも好きなときに分解・合成が可能です．力を成分に分解してしまえば，大きさの比較

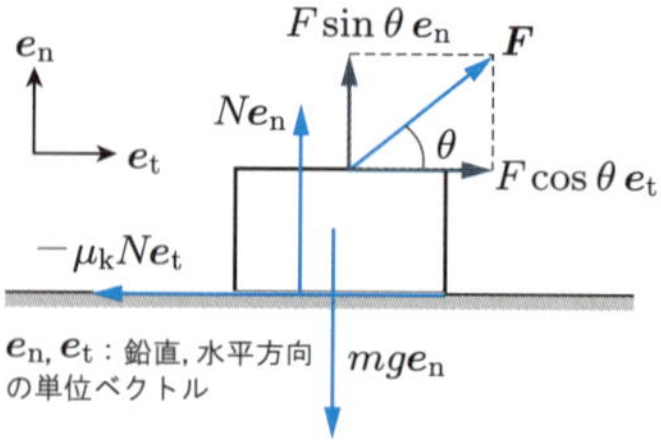

図 4.19　おもりにはたらく力を水平方向，鉛直方向に分解する

は足し算，引き算になり，代数計算が可能です．

おもりにはたらく力のベクトルを図 4.19 のように水平，鉛直方向に分解しました．すると，それぞれの方向の成分について，以下の関係が成立します．

$$F\cos\theta - \mu_{\mathrm{k}}N = 0 \tag{4.37}$$

$$N + F\sin\theta - mg = 0 \tag{4.38}$$

(1) 式 (4.37), (4.38) を連立し，F について解けば，以下の表式を得ます．

$$F = \frac{\mu_{\mathrm{k}}mg}{\cos\theta + \mu_{\mathrm{k}}\sin\theta} \tag{4.39}$$

では，計算してみましょう．

fx-JP500　[deg]　[ ] 0.5 [×] 3 [×] 9.8 [↓] [cos] 25 [)] [+] 0.5 [sin] 25 [)] [=]

EL-509T　[deg]　[a/b] 0.5 [×] 3 [×] 9.8 [↓] [cos] 25 [+] 0.5 [sin] 25 [=]

答：13.15298629 N

(2) 次に，おもりが 4 m 動いたときに発生した摩擦熱は次のように考えます．おもりが一定の速度で動いているということから，エネルギー保存則より，おもりに対してなされた力学的仕事はすべて熱に変わったと考えます◆2．ある力 $\boldsymbol{F}$ を加え物体を $\boldsymbol{x}$ 動かしたとき，物体になされた力学的仕事 W は，$\boldsymbol{F}$ と $\boldsymbol{x}$ の**内積** $\boldsymbol{F}\cdot\boldsymbol{x}$ で計算できます．内積は，以下のように定義される，ベクトルどうしの積の演算です．

ベクトル $\boldsymbol{A}$ と $\boldsymbol{B}$ があるとき，内積 $\boldsymbol{A}\cdot\boldsymbol{B}$ は

$$\boldsymbol{A}\cdot\boldsymbol{B} = |\boldsymbol{A}|\,|\boldsymbol{B}|\cos\theta \tag{4.40}$$

$|\boldsymbol{A}|$, $|\boldsymbol{B}|$：ベクトル $\boldsymbol{A}$，$\boldsymbol{B}$ の大きさ，
θ：ベクトルどうしのなす角

で定義される．内積の結果は**スカラー**となる．

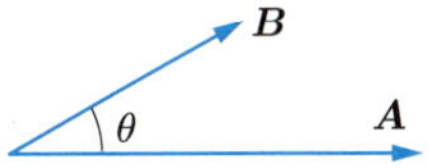

図 4.20　ベクトルの内積

$W = \boldsymbol{F}\cdot\boldsymbol{x}$ を定義に従い計算します．$|\boldsymbol{F}|$ には (1) の計算で表示された解をそのまま使いましょう．解確定状態から [×] キーを押すと，表示が「Ans×」になります．

共通　[×] 4 [cos] 25 [=]

答：47.68261559 J

例題 4.10　図 4.21 は，ワインボトルを差し込むとバランスを取って立つ不思議なワインホルダーである[2]．しかし，このようなバランスが成立するためには，厳密な設計が必要である．図 4.22 のように，ホルダーが水平面となす角が 40° となるよう決定したとき，

◆2　厳密にいえば，音に変わったり内部応力に蓄えられたりするエネルギーもありますが，これらは無視できると考えてよいでしょう．

図 4.21　バランスワインホルダー
（©株式会社 飛鳥工房）

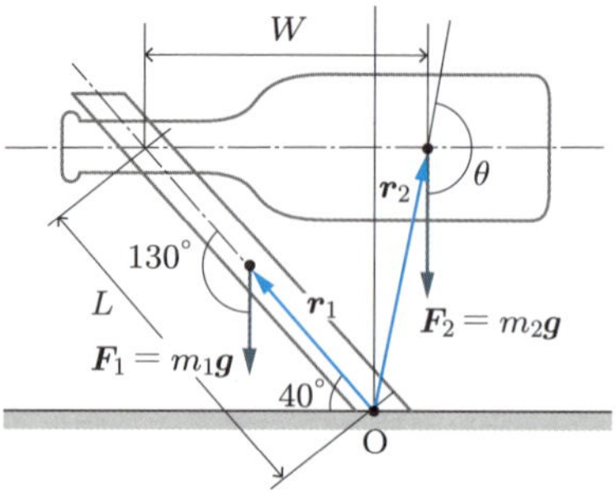

図 4.22　O まわりの力のモーメントを解析する

ワインホルダーが立つのに必要な長さ L を求めよ．ただし，ボトルは水平に保持され，質量 m_2 は 1,200 g，ホルダーからボトルの重心までの距離 W を 17 cm，ホルダーの質量 m_1 は 300 g として，近似としてホルダー単体の重心は $L/2$ の位置にあるとせよ．

解答　なかなか，やりがいのある問題ですね．これは，ニュートン力学における**静止平衡**の問題です．図 4.22 のような，原点 O を中心にして自由に回転できる系が静止するための条件は，O まわりの力の**モーメント**の総和がゼロであることです．力のモーメントは**トルク**ともよばれ，原点から力点までの「腕の長さ」ベクトル $\boldsymbol{r}$ と，力ベクトル $\boldsymbol{F}$ の**外積** $\boldsymbol{r} \times \boldsymbol{F}$ で表される量で，系を回転させる能力を表します．

外積は，以下のように定義されるベクトルどうしの積の演算です．

ベクトル $\boldsymbol{A}$ と $\boldsymbol{B}$ があるとき，外積 $\boldsymbol{A} \times \boldsymbol{B}$ は

$$|\boldsymbol{A} \times \boldsymbol{B}| = |\boldsymbol{A}|\,|\boldsymbol{B}| \sin\theta \qquad (4.41)$$

$|\boldsymbol{A}|$, $|\boldsymbol{B}|$：ベクトル $\boldsymbol{A}$，$\boldsymbol{B}$ の大きさ，
θ：ベクトルどうしのなす角

で定義される．外積の結果はベクトルで，その向きは $\boldsymbol{A}$，$\boldsymbol{B}$ を含む面の法線，かつ $\boldsymbol{A}$ から $\boldsymbol{B}$ に右ねじの方向となる向きである（図 4.23）．

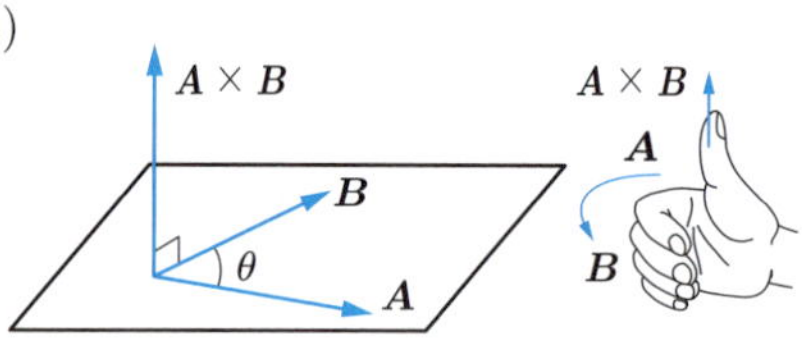

図 4.23　ベクトルの外積

いま，問題で考えている系は，ワインホルダーとワインボトルの二つの物体からなっています．それぞれの重心が図 4.22 の黒丸の位置にあるとしましょう．すると，力のモーメント（トルク）の釣り合いの式は，

$$\boldsymbol{r}_1 \times \boldsymbol{F}_1 + \boldsymbol{r}_2 \times \boldsymbol{F}_2 = 0 \qquad (4.42)$$

と表されます．ここで，疑問に思った人もいるかもしれません．「ボトルはホルダーに支

えられているのだから，ボトルにはたらく重力のモーメントが $\boldsymbol{r}_2 \times \boldsymbol{F}_2$ になるのはおかしいのではないか」と．

実は，物体が変形しない「剛体の力学」の問題においては，系を複数の部分に分け，それぞれの部分の重心に，同じ質量で大きさのない**質点**を置いても，問題の本質は変わらないことが証明されています．こういう置き換えが可能であることを証明したことで，ニュートン力学は大成功を収め，多くの工学分野で基本原理としての地位を不動のものとしています．

いまの問題は $\boldsymbol{r}_i$ も $\boldsymbol{F}_i$ も紙面内のベクトルですから，外積の結果は紙面に垂直なベクトルで，系を反時計回りに回そうとするモーメントは紙面裏から表，系を時計回りに回そうとするモーメントは紙面表から裏方向のベクトルになります．方向が同じなので，以降は力のモーメントの大きさのみをスカラー量として議論すれば十分です．すると，式 (4.42) は次のように書き換えられます．

$$r_1 F_1 \sin(130^\circ) = r_2 F_2 \sin\theta \tag{4.43}$$

式 (4.43) において F_1，F_2 はそれぞれの重心にはたらく重力です．重力加速度 g が共通なので，これで除して，

$$r_1 m_1 \sin(130^\circ) = r_2 m_2 \sin\theta \tag{4.44}$$

としておきましょう．さらに，r_1，$r_2 \sin\theta$ は L，W を使い以下のように表せます．

$$r_1 = \frac{L}{2} \tag{4.45}$$

$$\begin{aligned} r_2 \sin\theta &= r_2 \sin(180^\circ - \theta) = r_2 \frac{W - L\cos(40^\circ)}{r_2} \\ &= W - L\cos(40^\circ) \end{aligned} \tag{4.46}$$

式 (4.45)，(4.46) を式 (4.44) に代入し，L について解けば，以下の式が得られます．

$$L = \frac{W}{\dfrac{m_1}{2m_2}\sin(130^\circ) + \cos(40^\circ)} \tag{4.47}$$

では，計算してみましょう．

fx-JP500　deg　[分数] 17 [↓] [分数] 300 [↓] 2 [×] 1200 [→] [sin] 130 [)] [+] [cos] 40 [)] [=]

EL-509T　deg　[a/b] 17 [↓] [a/b] 300 [↓] 2 [×] 1200 [→] [sin] 130 [+] [cos] 40 [=]

答：19.72615459 cm

今回の計算のポイントとして，分母が連分数になっている点に注目します．「自然表示」なら連分数の計算もお手の物なのですが，ここを正直に打つよりは，300 [÷] 2 [÷] 1200，

あるいはさらに暗算で整理して 300 ÷ 2400 と打ったほうが楽だと感じる人もいるでしょう．これくらいになると，「正解」はありません．自分の流儀を定めてください．

4.7.2 ● 測　量

人類史上，初めて三角関数の利用法に気づいたのは古代エジプト人かもしれません．ピラミッドをあれほど美しい四角錐《すい》に積み上げるには，高度な技術が必要です．当時，エジプト人が，ピラミッドの高さを計算するため原始的な三角比を使っていたという証拠が見つかっています[3]．現代でも，三角関数を活用する分野の代表として挙げられるのが測量です．

例題 4.11　図 4.24 のような三角形の土地がある．辺 a の長さは 50.0 m であるが，辺 b，辺 c の長さは途中に立木があるため直接測ることができない．頂点 A にポールを立て，角 B，角 C を測ったところ，それぞれ 25°，46° であった．土地の面積を求めよ．

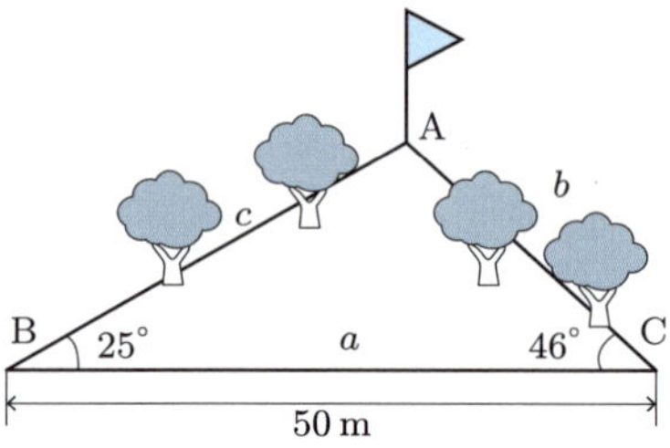

図 4.24　面積測量の実例

解答　この問題は，まず**正弦定理**を利用して，辺 b，辺 c の長さを計算するところから始めます．正弦定理とは任意の三角形で成り立つ，

$$\frac{\sin A}{a} = \frac{\sin B}{b} = \frac{\sin C}{c} \tag{4.48}$$

という関係です．三角形の内角の和は 180° で，角度 B，C がわかっているので，角度 A は，ただちに

$$A = 180^\circ - 46^\circ - 25^\circ = 109^\circ \tag{4.49}$$

と求められます．すると b は，式 (4.48) から，

$$b = \frac{a}{\sin A} \sin B \tag{4.50}$$

です．まず b を計算しましょう．

fx-JP500　deg　50 ÷ sin 109) × sin 25 =

EL-509T　deg　50 ÷ sin 109 × sin 25 =　　答：22.34849069 m

今回は，分数を使わず割り算を使いました．次に，**三角形の面積の公式**

$$S = \frac{ab}{2} \sin C \tag{4.51}$$

を使い，面積を求めます．計算は × キーからスタートします．

共通　× 50 ÷ 2 × sin 46 =　　答：401.9039708 m^2

4.7.3 ● フーリエ級数

三角関数を直角三角形の 3 辺の比と考えれば，上で述べたような応用分野があることは直感的に理解できると思います．しかし，三角関数の真の有用性は，それが解析学の分野に使われるときに発揮されます．一例として，**フーリエ級数展開**を挙げましょう．この本は解析学の教科書ではありませんから，原理の説明などは省き，一つの実例を紹介することで三角関数の意外な応用について理解してもらいます．

フランスの数学者にして物理学者のジョゼフ・フーリエは，1820 年頃，あることに気づきました．それは，「周期的に変化するあらゆる関数は三角関数の合成で表現できる」，ということです．音を例にとりましょう．あらゆる音は空気の振動です．美しい鳥の声も，ヴァイオリンやピアノの音色も，なぜその音であることがわかるかというと，それらが空気を振動させるパターン，すなわち波形が異なるからです．

たとえばピアノの音を例にとります．波形をグラフにすると，図 4.25 の黒線のようになっています．フーリエは，これが一連の $\sin(n\omega t)$ と $\cos(n\omega t)$，すなわち図 4.25 の青線で表された波の合成で表せることを証明しました．

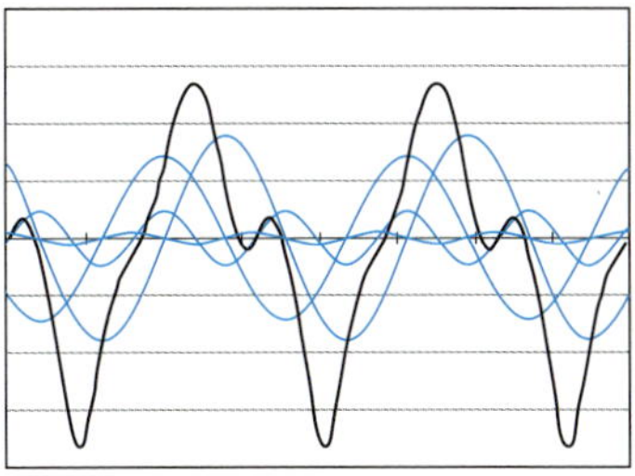

図 4.25　ピアノの音の振動波形（黒線）とそれをフーリエ級数展開したもの（青線）

ここで，ω は**角周波数**で，1 秒あたりの振動数 f に 2π を掛け，角度 [rad] としたものです．これは，毎秒 f 回振動する正弦波を t の関数 $A(t)$ で表すと，

$$A(t) = a\sin(2\pi ft) \tag{4.52}$$

となるところから，あらかじめ $2\pi f$ を「1 秒あたりに進む角度」と解釈することにより，記述をシンプルにする工夫です．

フーリエの発見を数式で表現すると，1 秒間に f 回繰り返される任意の振動波形 $A(t)$ が，以下のように表現可能である，ということになります[4]．

$$\begin{aligned} A(t) = \frac{a_0}{2} &+ a_1\cos(\omega t) + b_1\sin(\omega t) + a_2\cos(2\omega t) + b_2\sin(2\omega t) \\ &+ a_3\cos(3\omega t) + b_3\sin(3\omega t) + \cdots \end{aligned} \tag{4.53}$$

これを，$A(t)$ の「フーリエ級数展開」とよびます．ここで，a_n，b_n は，「フーリエ係数」とよばれる定数です．そして，各項の a_n，b_n を決定するためには，以下のような積分計算を行います．

$$a_n = \frac{2}{T}\int_{-T/2}^{T/2} A(t)\cos(n\omega t)\,\mathrm{d}t \tag{4.54}$$

$$b_n = \frac{2}{T}\int_{-T/2}^{T/2} A(t)\sin(n\omega t)\,\mathrm{d}t \tag{4.55}$$

T：振動の周期 $= 1/f$

積分の意味はここではわからなくとも大丈夫です．この結論がもたらすものの意味をいくつか考えてみましょう．第一に，われわれは適当な電子回路を使えば，$\sin(n\omega t)$ で振動する正弦波の音波は簡単に作ることができます．フーリエの教えに従えば，これらをたくさん用意して，正確に重ね合わせれば，どんな音でも合成が可能，ということなのです．**シンセサイザー**という楽器の意味は「合成するもの」ということを表しています．シンセサイザーは内部に無数の正弦波発生回路をもち，これらを重ね合わせることで，ピアノやヴァイオリン，または天然には存在しないような複雑な音色を合成しているのです．現代では，人の声でコンピューターに「歌わせる」ことさえ可能です．

次に，音の情報を記録することを考えてみましょう．フーリエ級数展開の結果，無数の a_n，b_n が得られます．それぞれの a_n，b_n は角周波数 $n\omega$ の正弦波（sin），余弦波（cos）の強さを表しています．一方で，人間の耳に聴こえる音の周波数はせいぜい 20 Hz〜20 kHz といわれています．つまり，実用的には，マイクで拾った音をフーリエ級数展開して，20 kHz までの成分のみの a_n，b_n を記録すれば，人間の耳には元の音とまったく区別の付かない完璧な記録が取れる，ということになります．オーディオ CD は，この原理を用いて高音質なデジタル記録を行っています．CD の規格は，正確には高音の限界周波数は 22.05 kHz で，それ以下の周波数の音を 96 dB のダイナミックレンジで記録します．ダイナミックレンジ，dB の意味とその計算方法については 5.7 節 （→p.85）で学びます．

一方，人間を含む高等生物がどうやって音を聴き分けているかというと，耳の中に無数の感覚細胞があり，それぞれが特定の周波数の正弦波のみに感応するようにできているのです．だから，どの細胞がどれくらい強く振動するかで音色が区別できる仕掛けになっているわけです．人間はフーリエが発見する前から音をフーリエ級数展開していた，ということですね．

例題を解いて，フーリエ級数展開について理解を深めてみましょう．

例題 4.12　図 4.25 のピアノの音を 1 周期あたり 8 点でサンプリングした結果を**表 4.3** に示す．このデータを用い，フーリエ係数 a_n，b_n を算出せよ．

表 4.3　時刻 t と，その時刻における音の波高 $A(t)$ のサンプル値 A_i

t/T	0	1/8	2/8	3/8	4/8	5/8	6/8	7/8
A_i	0.40	0.81	0.27	0	−0.10	−1.00	−0.55	−0.07

解答　1 周期から何点のサンプルを取るかにより，どこまで正確に元の波形が再現できるかが決まります．本問は 8 点のサンプルが与えられていますが，これは，$n = 4$ までの項を使って元の波形を近似することを意味します．フーリエ係数の計算には，実際の周波数が何 Hz であるかは影響しません．ここは便宜的に周波数を 1 Hz（$\omega = 2\pi$）としましょう．

次に，式 (4.54)，(4.55) を用いて a_n，b_n を計算します．ここで，式 (4.54)，(4.55) は本来なら積分計算なのですが，サンプル点だけしか $A(t)$ がわからないので，積分の代わりに総和を求めます．すなわち，時刻 $t = i/8$ $(0 \le i < 8)$[s] におけるサンプル値 A_i と，$\sin(n\omega t)$，$\cos(n\omega t)$ を掛けて足すわけです．具体的な計算は以下のとおりです．

$$a_0 = \frac{2}{1} \times \frac{1}{8}(0.40 + 0.81 + 0.27 + 0.0 - 0.10 - 1.00 - 0.55 - 0.07) \tag{4.56}$$

$$\begin{aligned} a_1 = \frac{2}{1} \times \frac{1}{8}\Big\{&0.40\cos(0) + 0.81\cos\left(\frac{\pi}{4}\right) + 0.27\cos\left(\frac{2\pi}{4}\right) + 0.0\cos\left(\frac{3\pi}{4}\right) \\ &-0.10\cos\left(\frac{4\pi}{4}\right) - 1.00\cos\left(\frac{5\pi}{4}\right) - 0.55\cos\left(\frac{6\pi}{4}\right) - 0.07\cos\left(\frac{7\pi}{4}\right)\Big\} \end{aligned} \tag{4.57}$$

$$\begin{aligned} a_2 = \frac{2}{1} \times \frac{1}{8}\Big\{&0.40\cos(0) + 0.81\cos\left(\frac{\pi}{2}\right) + 0.27\cos\left(\frac{2\pi}{2}\right) + 0.0\cos\left(\frac{3\pi}{2}\right) \\ &-0.10\cos\left(\frac{4\pi}{2}\right) - 1.00\cos\left(\frac{5\pi}{2}\right) - 0.55\cos\left(\frac{6\pi}{2}\right) - 0.07\cos\left(\frac{7\pi}{2}\right)\Big\} \end{aligned} \tag{4.58}$$

b_n の計算は，a_n の中の cos が sin に入れ替わるだけです．計算をイメージしたものを**図 4.26** に示しました．根気の要る計算ですが，a_1 くらいは計算してみてください．a_n，b_n をすべて求めると，**表 4.4** の結果を得ます．

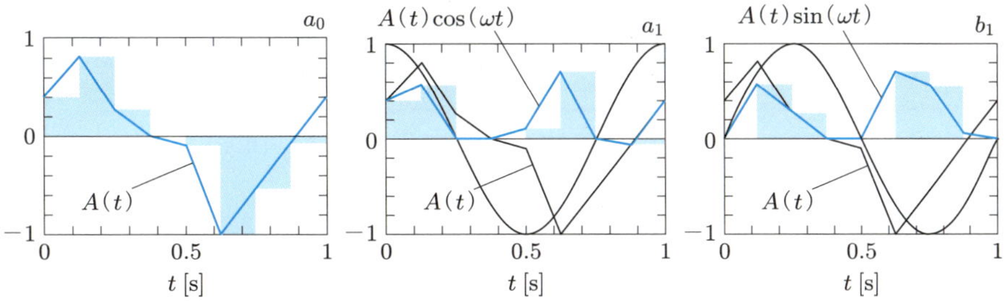

図 4.26　a_n，b_n を求める積分の図解

そして，得られた a_n と b_n を使い，式 (4.53) で元の波形を再現します．任意の時刻における $A(t)$ は，以下の式に t を代入することで得られます．

$$\begin{aligned} A(t) = &\frac{-0.060}{2} + 0.433\cos(2\pi t) + 0.537\sin(2\pi t) + 0.145\cos(4\pi t) \\ &- 0.030\sin(4\pi t) - 0.183\cos(6\pi t) + 0.127\sin(6\pi t) + 0.035\cos(8\pi t) \end{aligned} \tag{4.59}$$

表 4.4　計算で求められたフーリエ係数 a_n, b_n

n	a_n	b_n
0	−0.060	
1	0.433	0.537
2	0.145	−0.030
3	−0.183	0.127
4	0.035	0

NOTE　最後の係数 a_4 は計算すると 0.070 ですが，これを 2 で割る決まりです．また，b_4 はどんな波形でも原理的にゼロになります（$\sin(n\pi) = 0$）．

たとえば $t = 1/4\,\mathrm{s}$ を代入すると，

$$A\left(\frac{1}{4}\right) = \frac{-0.060}{2} + 0.537 - 0.145 - 0.127 + 0.035 = 0.27 \tag{4.60}$$

を得て，元のデータ (0.27) が完全に再現されることがわかります．ほかのサンプル点でも，フーリエ級数の和は元のデータに完全に一致します．

式 (4.59) を任意の t で計算すれば，4 次までのフーリエ級数で近似した波形が得られます．計算結果を元の波形と比較する形で図 4.27 に示しました．よい近似になっていることがわかります．

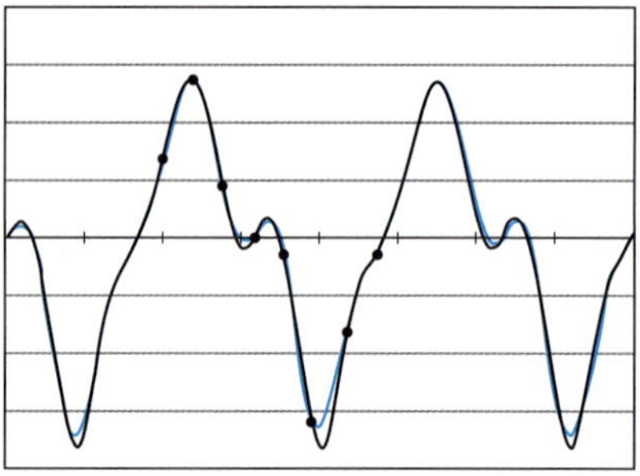

図 4.27　元の波形（黒），8 点のサンプリング点（黒丸）と，フーリエ級数で再現した波形（青）

章末問題

Q1.　1° を [rad] に換算せよ．また，1 rad を [deg] に換算せよ．

Q2.　$0 < \theta < 360°$ の範囲で，$\sin\theta = 0.1$ になる θ，$\cos\theta = 0.1$ になる θ をすべて求めよ．

Q3.　3 辺の長さが a, b, c で，それぞれの辺に対向する角が A, B, C の三角形がある．このとき，以下の定理が成り立つ．これを**余弦定理**とよぶ．

$$a^2 = b^2 + c^2 - 2bc\cos A \tag{4.61}$$

$$b^2 = c^2 + a^2 - 2ca\cos B \tag{4.62}$$

$$c^2 = a^2 + b^2 - 2ab\cos C \tag{4.63}$$

$a = 10$, $b = 8$, $c = 7$ のとき，角 A, B, C を求めよ．

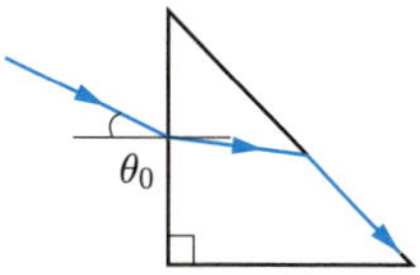

図 4.28

Q4. 図 4.28 のように，屈折率 n の直角二等辺三角形のプリズムの 1 辺から入射角 θ_0 で光線を入射させたところ，反対側の表面に沿うように光線が射出した．このとき，n と θ_0 の間に以下の関係があることが知られている．

$$n^2 = \sin^2\theta_0 + \left(\sqrt{2} + \sin\theta_0\right)^2 \tag{4.64}$$

θ_0 が 5.61° のとき，プリズムの屈折率を算出せよ．

Q5. 三角形の 1 辺と，その両端の角度がわかっている場合の面積 S の公式は，[deg] で表すと

$$S = \frac{a^2 \sin B \sin C}{2\sin(180 - B - C)} \tag{4.65}$$

である．では，$a = 50\,\mathrm{m}$, $B = 25°$, $C = 46°$ の三角形の面積を計算せよ（これは例題 4.11 と同じ問題である）．

Q6. 例題 4.8 において，径間 s に単位長さあたり重量 W の鋼線を張力 T で張ったとき，必要な線の長さ L は以下の式で表される．

$$L = \frac{2T}{W}\sinh\left(\frac{Ws}{2T}\right) \tag{4.66}$$

W を 1.0 kg/m，T を 1.0×10^3 kgf，s を 50 m として，必要な線の長さを計算せよ．

Q7. 図 4.11 において，B 点からピラミッド基部中央，すなわち頂点から垂直に下ろした点が地面と交わる点までの距離を計算せよ．

Q8. 表 4.4 のデータと式 (4.59) を利用して，$t = 0.5\,\mathrm{s}$ における波形の値を計算せよ．

章末問題解答

A1. $1° = 0.01745329252\,\mathrm{rad}$ | $0.017453292\,\mathrm{rad}$

共通 2 π ÷ 360 =

$1\,\mathrm{rad} = 57.29577951°$

共通 360 ÷ 2 π = 　別解：解確定状態から x^{-1} =

NOTE [deg] から [rad] への換算は「π/180 を掛ける」です．これは暗記してください．また，ラストアンサーの上手な使い方を常に心がけるようにしてください．

A2. $\sin\theta = 0.1$ になる角度：5.739170477°，174.2608295°

$\cos\theta = 0.1$ になる角度：84.26082952°，275.7391705°

共通 deg sin⁻¹ 0.1 =

共通 180 − Ans =

共通 deg cos⁻¹ 0.1 =

共通 (−) Ans + 360 =

NOTE 解がマイナスのときは 360 を足します．

A3. $A = 83.33457274°$, $B = 52.61680158°$, $C = 44.04862567°$

■ A を求める操作

fx-JP500 deg cos⁻¹ ▭ 10 x^2 − 8 x^2 − 7 x^2 ↓ (−) 2 × 7 × 8 =

EL-509T deg cos⁻¹ a/b 10 x^2 − 8 x^2 − 7 x^2 ↓ (−) 2 × 7 × 8 =

B, C は省略．

NOTE 問題文を見て，頭の中で A を求める式を組み立てられるようになってください．このような脳内式変形が苦手な人は，以下のようにステップを踏んでもかまいません．

共通 10 x^2 − 8 x^2 − 7 x^2 = ← $a^2-b^2-c^2$ を計算

共通 ÷ (−) 2 ÷ 8 ÷ 7 = ← $\cos A$ を計算

共通 cos⁻¹ = ← 逆三角関数で A を求める

A4. $n = 1.515127097$

fx-JP500 deg sin 5.61) x^2 + (√▭ 2 → + sin 5.61)) x^2 = √▭ Ans =

EL-509T deg (sin 5.61) x^2 + (√ 2 → + sin 5.61) x^2 = √ =

NOTE こういう問題は，右辺を先に計算，最後に平方根をとったほうが確実です．

A5. $401.9039708\,\mathrm{m}^2$

fx-JP500 deg ▭ 50 x^2 sin 25) sin 46) ↓ 2 sin 180 − 25 − 46) =

EL-509T deg a/b 50 x^2 sin 25 sin 46 ↓ 2 sin (180 − 25 − 46) =

A6. $50.0052085\,\mathrm{m}$

fx-JP500 2 ×10ˣ 3 OPTN 1 1 ▭ 50 ↓ 2 ×10ˣ 3 =

EL-509T 2 Exp 3 hyp sin a/b 50 ↓ 2 Exp 3 =

A7. $215.7943031\,\mathrm{m}$

fx-JP500 deg [分数] 20 [↓] [tan] 25 [)] [x^{-1}] [−] [tan] 27 [)] [x^{-1}] [=] [÷] [tan] 27 [=]

EL-509T deg [a/b] 20 [↓] [(] [tan] 25 [)] [x^{-1}] [−] [(] [tan] 27 [)] [x^{-1}] [=] [÷] [tan] 27 [=]

NOTE 計算は 2 ステップで行います．まずは h を算出，続いて，求めるべき長さが $h \cot(27°)$ で表されることを利用します．

A8. -0.1

fx-JP500 rad [(−)] 0.06 [÷] 2 [+] 0.433 [cos] [π] [)] [+] 0.537 [sin] [π] [)] [+] 0.145 [cos] 2 [π] [)] [−] 0.03 [sin] 2 [π] [)] [−] 0.183 [cos] 3 [π] [)] [+] 0.127 [sin] 3 [π] [)] [+] 0.035 [cos] 4 [π] [=]

EL-509T rad [(−)] 0.06 [÷] 2 [+] 0.433 [cos] [π] [+] 0.537 [sin] [π] [+] 0.145 [cos] 2 [π] [−] 0.03 [sin] 2 [π] [−] 0.183 [cos] 3 [π] [+] 0.127 [sin] 3 [π] [+] 0.035 [cos] 4 [π] [=]

NOTE あらかじめ，頭の中で 0.5 を掛ける計算をやってしまうと，入力が随分楽になります．

Column フェルミ推定

皆さんは**フェルミ推定**という言葉を聞いたことがあるでしょうか？ イタリアで生まれ，アメリカに渡って世界初の原子炉を作り上げた物理学者，エンリコ・フェルミ（1901–1954）にちなんだ言葉です．物理の世界では昔からあった考え方ですが，最近では世間一般でも使われるようになりました．

フェルミは同僚や学生に，答がとても想像もできないような問題をよく出したそうです．有名なものは，「シカゴにピアノの調律師は何人いるか？」というものです．しかし，この途方もない問題も，いくつかの仮定をおけば解答不能ではないのです．たとえば，

1. シカゴは大都市だが，大戦中だし人口は 500 万人くらいだろう．世帯数は昔だから家族あたり平均 5 人として，その 1/5 と推定．
2. ピアノを持っている家庭はまあ 1/10 くらいか．ウチの近所もそうだし．
3. 1 台のピアノは，せいぜい 2 年に 1 回調律すればオッケー．親戚に聞いたことがある．
4. 以上から，調律されなければならないピアノは 1 日に 137 台と出る．
5. 1 日に調律できる台数は 2 台？ したがって調律師は 70 人くらいか．

どうです？ 有名な問題なので，ネットを探せばさまざまな推定値を見ることができますが，上の解との違いはせいぜい「数倍」の範囲でしょう．このような問題が，総じて「フェルミ推定問題」とよばれています．大切なのは，問題の本質を適切なモデルで記述，それを数学的要素に分割，各要素に適切な数値を入れることができるか，という点です．計算には，もちろん関数電卓をどんどん使いましょう．

私も，学生相手によくフェルミ推定問題を出します．それは，この手の問題がなによりも頭の体操になり，物理的センスを磨くよい訓練になるからです．また，あらゆる事柄への幅広い「とりあえずオーダーは知っている」知識の大切さを教えるにもよい教材です．私がかつて出した問題は，たとえば，

- 日本の年間総発電量と台風 1 個のエネルギーはどちらが大きいか
- 昼は夜の何倍明るいか
- 東京タワーから出ている電波は何 W くらいか

- レーザーでコーヒーを淹れるにはどうしたらよいか

などです．フェルミ推定が有名になったのは，いくつかの超有名企業が入社試験に採用し，それがユニークで優秀な人材を発掘するのに有効であることが実証されたからだそうです．「地頭力」などともいわれていますが，学生の反応を見ていると「なるほどなあ」と思います．

さて，「まえがき」のエピソード，フェルミがどうやって原子爆弾の威力を推定したかはわかりませんが，私は独自の方法を思いつきました．以下は皆さんへの挑戦状です．

問題：フェルミは爆心地から 16 km 離れた掩蔽壕《えんぺいごう》にいて，一瞬のうちに紙が 75 cm 後方に飛ばされるのを見た[5]．爆弾の威力（エネルギー）を推定せよ．

Chapter 05
指数・対数

本章では，指数および対数について学びます．重要性においては三角関数とならび，理学・工学を学ぶ者にとって必ずマスターしなくてはならないものです．身近なところでは，音の大きさを表すデシベル，地震の震度，星の等級など，対数の考え方がもとになっている単位もいろいろあります．

三角関数が紀元前からあったのに比べれば，17 世紀に生まれた対数の歴史は比較的浅いといえるでしょう．それだけ，日常生活からは縁遠く，直感的な理解も難しいのが対数の考え方です．本章では，具体例を通じて，対数の「感覚」を身につけてもらうことにも注意を払います．

5.1 ••• 指数関数の定義

ある数 a をとり，それを 2 回掛けます．答は a^2 ですね．$a^3, a^4, a^5, \ldots$ も簡単に定義できるでしょう．a を何回掛けたかを a の右肩に表記する方法を**指数表示**とよびます．ここで，単純ですが重要な定理に気づきます．すなわち，m，n を正の整数とするとき，

$$a^m a^n = a^{m+n} \tag{5.1}$$

です．

次に，2 回掛けると a になる数を考えます．いままで使ってきた記号法では $\sqrt{a}$ ですが，これを $a^{1/2}$ と書いてもよいでしょう．なぜなら，式 (5.1) の定理を分数に拡張すれば，$m = 1/2, n = 1/2$ とおいて

$$a^{1/2}a^{1/2} = a^{1/2+1/2} = a^1 = a \tag{5.2}$$

と書けるからです．この考え方を拡張すれば，a の m 乗根は $a^{1/m}$ と書けることがすぐわかります．

次に，「a の 0 乗」について考えてみましょう．式 (5.1) で $n = 0$ とおくと，

$$a^m a^0 = a^{m+0} = a^m \tag{5.3}$$

と書けるので，$a^0 = 1$ であることがわかります．またこれを利用して，a^m の逆数 $1/a^m$ についても考えてみます．式 (5.1) で $n = -m$ とおくと，

$$a^m a^{-m} = a^{m-m} = a^0 = 1 \tag{5.4}$$

となります．これは $a^m \times (1/a^m) = 1$ の関係を表しており，$1/a^m = a^{-m}$ と書けることも

わかります．

いままでの定理を組み合わせましょう．たとえば $(a^m)^n$ は，

$$(a^m)^n = \overbrace{a^m \times a^m \times a^m \times a^m \times \cdots}^{n\text{ 個}} = a^{\overbrace{m+m+m+\cdots}^{n\text{ 個}}} = a^{nm} \tag{5.5}$$

と書け，同様に考えれば，

$$\sqrt[n]{a^m} = a^{m/n} \tag{5.6}$$

もただちに導かれます．m，n を十分大きくとればどんな数でも表せるので，ここまでの議論で a^m の m には任意の実数が代入できることがわかりました[1]．したがって，これを変数 x として，$y = a^x$ という連続な関数が定義できます．これを**指数関数**とよびます．

図 5.1 は，いくつかの a について $y = a^x$ をグラフにしたものです．a の値が 1 より大きいか，小さいかによって，グラフは右肩上がりか右肩下がりかの運命が分かれます．そして，$a = 1$ 以外のすべての場合について，指数関数は $|x|$ が大きくなるにつれ，あっという間にグラフ用紙からはみ出すか，x 軸に重なってしまいます．このように，x の範囲がそれほど大きくなくても y が急激に変化するのが指数関数の特徴で，それゆえに「対数」という考え方が生まれた，ということもできるのです（具体例は 5.5 節で学びます）．

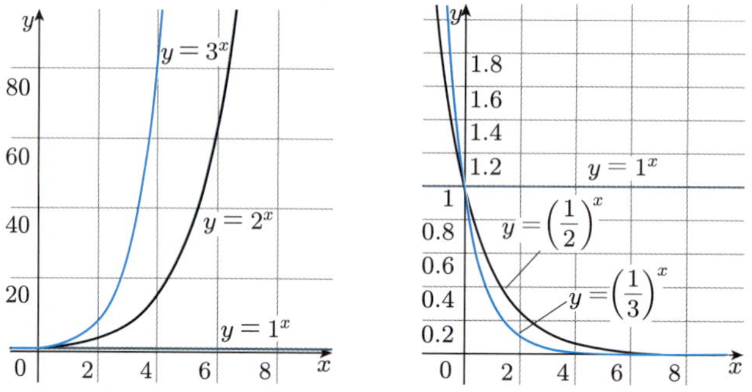

（a）$a \geq 1$ のとき　（a）$a \leq 1$ のとき

図 5.1　指数関数 $y = a^x$ のグラフ

$y = a^x$ と $y = (1/a)^x$ は，y 軸について対称な形をしています．これは，

$$\left(\frac{1}{a}\right)^x = \left(a^{-1}\right)^x = a^{-x} \tag{5.7}$$

という変形を行えば理由は明らかでしょう．また，a が正の実数のとき，x にどんな値を与えても，$y = a^x$ は負の値をとらないことに注意します．一方，a がマイナスのとき，指数関数は実数の範囲に解をもちません．

◆1　厳密には，既約分数で表せない「無理数乗」もきちんと定義する必要がありますが，ここでは割愛しています．

関数電卓で一般の指数を計算するキーは，3.3 節（→p.27）でも述べた累乗キー $x^{\blacksquare}$ y^x です（図 5.2）．y^x は指数 x が領域になる領域型関数で，y には任意の正の実数を，x には任意の実数を与えることができます．まずは，操作を練習してみましょう．

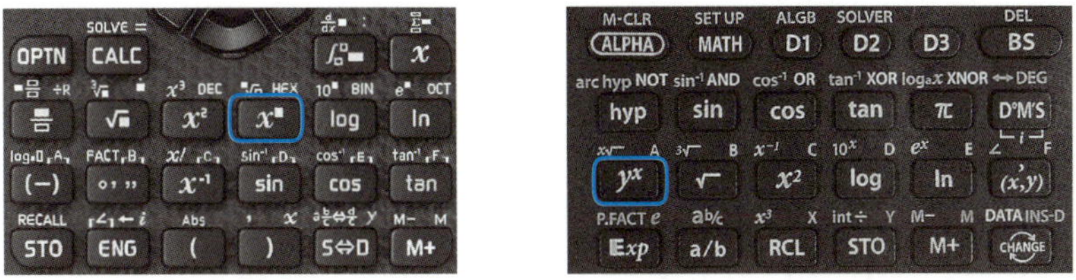

fx-JP500　　EL-509T

図 5.2　累乗キー $x^{\blacksquare}$ y^x

> 例題 5.1　$1.5^{2.5}$ を計算せよ．
>
> 解答
>
> fx-JP500　1.5 $x^{\blacksquare}$ 2.5 =
>
> EL-509T　1.5 y^x 2.5 =
>
> 答：2.755675961

ところで，指数関数 $y = a^x$ の a には，特別な地位をもつ二つの数があります．一つは 10，もう一つは**ネイピア数**とよばれる定数 e です．したがって，関数電卓には 10^x，e^x を計算する専用のキーが必ず備え付けられています．場所は，$10^{\blacksquare}$ 10^x が log キーの裏，$e^{\blacksquare}$ e^x が ln キーの裏です（図 5.3）．

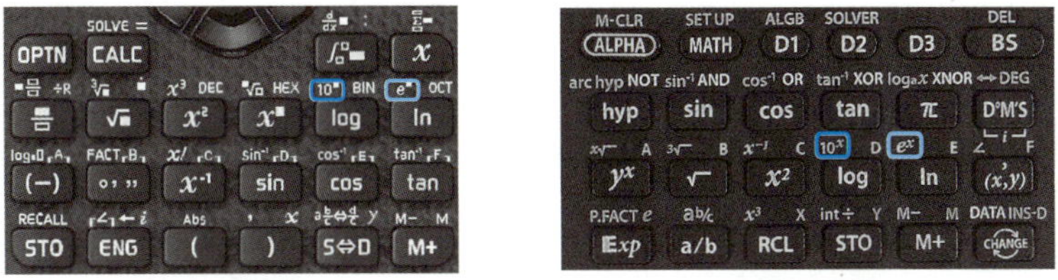

fx-JP500　　EL-509T

図 5.3　常用対数 log，自然対数 ln キーと，その裏の $10^{\blacksquare}$ 10^x，$e^{\blacksquare}$ e^x．

ネイピア数 e は，

$$e = 2.71828182845904\cdots \tag{5.8}$$

という値[◆2]をもつ定数で，指数関数にとって特別な意味をもちます．ネイピア数の意味については次節で詳しく述べるとして，まずは具体的な計算をいくつかやってみましょう．

◆2　覚え方は，たとえば「鮒一鉢二鉢一鉢二鉢至極惜しい（ふなひとはちふたはちひとはちふたはちしごくおしい）」です．

例題 5.2　関数電卓でネイピア数を表示させよ.

解答　fx-JP500 と EL-509T には, 一応, 定数としての e を表示させる機能が備えられていますが, ほとんど使う機会はないので（e は必ず指数関数として使うため), 覚える必要はありません. ネイピア数の値が知りたければ, e^1 を計算させましょう.

fx-JP500　$e^{■}$ 1 =
EL-509T　e^x 1 =

答：2.718281828

例題 5.3　e^{-1} を求めよ.

解答　e^{-1} は,「指数関数的減衰」という現象を扱う際に必要な, 物理学にとって大切な定数です. 約 0.37 なので, この値は有効数字 2 桁で暗記しておいてください.

fx-JP500　$e^{■}$ (−) 1 =
EL-509T　e^x (−) 1 =

答：0.3678794412 | 0.36789441

5.2 ・・・ ネイピア数 e

ネイピア数 e は, 自然科学において頻繁に登場する定数です. 登場の頻度は π とどちらが多いか, よい勝負です. π の定義が非常に直感的でやさしいため小学校で習うのに対し, e の定義は微分を伴うため, 高校で初めて登場します.

いま, 図 5.1 の関数 $y = a^x$ を x について微分してみます. すると, 例外なく

$$\frac{\mathrm{d}}{\mathrm{d}x}(a^x) = ka^x \tag{5.9}$$

k：a によって決まる定数

という形になります. つまり, 指数関数の微分（変化率）は, 常に関数の値に比例するのです. いくつかの a について定数 k を具体的に計算すると, **表 5.1** のようになります.

表 5.1　$y = a^x$ を微分したときの定数 k

a	1	2	2.5	3
k	0	$0.6931\cdots$	$0.9162\cdots$	$1.0986\cdots$

表を見ると, $a = 2.5$ と 3 の間に, $k = 1$ となるちょうどよい a があることが想像されます. これを詳しく計算すると $a = 2.71828\cdots$ となり, これをネイピア数と名付けるわけです. 次節で出てくる「自然対数」の底であることから, ネイピア数は**自然対数の底** e とよばれることもしばしばあります.

まったく異なる定義ですが,

$$\left(1+\frac{1}{n}\right)^n \tag{5.10}$$

の n を無限に大きくしたときの値が e，というものもあります．$n=100$ で計算してみましょう．

例題 5.4　$(1+1/n)^n$ を，$n=100$ で求めよ．

解答

fx-JP500　(1 + 1 ÷ 100) $x^{\blacksquare}$ 100 =

EL-509T　(1 + 1 ÷ 100) y^x 100 =

答：2.704813829

物理学において e が重要な理由は，式 (5.9) の微分方程式にあります．自然界には

$$\frac{\mathrm{d}y}{\mathrm{d}x}=y \tag{5.11}$$

の形をもつ，ある物理量の変化率がその物理量の値に比例する現象が数多くあります．この微分方程式が $y=e^x$ を解にもつことは式 (5.9) より明らかですね．実例については後の節でいくつか紹介しましょう．

5.3 ••• 対数の定義

対数は，一言でいえば指数関数の逆関数です．書き方は

$$y=\log_a x \tag{5.12}$$

で，a を**底**といいます．意味は，「$a^y=x$ となるところの y を求めよ」ということです．いま，底を 2，y を 8 としてみましょう．$2^3=8$ ですから，

$$3=\log_2(8) \tag{5.13}$$

となることがわかります．底としてはあらゆる正の実数を考えることが可能ですが，事実上は 2，e，そして 10 以外の底で対数を考えることはまれです．そして，10 を底とする対数は**常用対数**，e を底とする対数は**自然対数**とよばれています．

関数電卓には，常用対数と自然対数を計算するキーが必ず隣り合わせに装備されています（図 5.3）．log が常用対数，ln が自然対数です．前述のように，裏の関数はそれぞれ逆関数の 10^x，e^x です．

常用対数は，数学の教科書では $\log_{10}x$ と書かれますが，理工学の教科書では底の 10 は省略され，単に $\log x$ といえば常用対数を表すのが普通です．一方，自然対数は，数学の教科書では底を省略して $\log x$ ですが，理工学では $\ln x$ と書かれます．関数電卓の表記は「理工学流」であることがわかります．本書も理工学流で行きましょう．

はじめに，直感的に理解できるいくつかの例について，常用対数を計算してみます．

例題 5.5　10，100，1,000 の常用対数を求めよ．

解答

共通　log 10 =　答：1

共通　log 100 =　答：2

共通　log 1000 =　答：3

常用対数とは，「ある数 x は 10 の何乗か？」ということを求めているのにほかならないことがわかります．もちろんある数 x は別に 10 や 100 でなくともよく，その場合，$\log x$ は無限小数で表されます．例として，log(300) を計算してみましょう．

例題 5.6　300 の常用対数を求めよ．

解答

共通　log 300 =　答：2.477121255

log(300) を暗算で大雑把に計算してみましょう．「300 は 10^2 より大きく 10^3 より小さいから，log(300) は 2 と 3 の間だろう．そして，300 を 2 乗すればおよそ 10^5 になるから，log(300) はおよそ 2.5」と求められます．このように，対数は電卓の操作以前にその「意味」と「感覚」を身につけることが大切です．

自然対数も同様に，$y = \ln x$ は，「e の y 乗が x となるような y を求めよ」，ということになります．一つ，自明な例について計算してみましょう．

例題 5.7　e^2 を求め，その自然対数をとりなさい．

解答

fx-JP500　$e^{■}$ 2 =

EL-509T　e^x 2 =　答：7.389056099

共通　ln Ans =　答：2

次はこんな例題です．

例題 5.8　e を何乗するとちょうど 100 になるか．

解答

共通　ln 100 =　答：4.605170186

例題 5.8 の問いかけが対数の計算を要求している，ということをただちに理解できるようになってください．そして，電卓を叩く前に，解のおよそのオーダーを推定する暗算をしてみてください．e は 3 に近い数ですから，3 を 4 乗します．すると 81 ですから，e も 4 乗では 100 に足りず，5 乗くらいは必要，とわかります．

さて，次は 2 を底とする対数ですが，これは常用対数，自然対数ほどは多く使われません．使われる分野としては情報工学，統計力学などが挙げられるでしょうか．したがって，2 を底とする対数を直接計算するキーはありません．どちらの機種も，任意の正の実数を底とする対数を計算するキーがあるので，それを利用します（図 5.4）．fx-JP500 は [log■□]，EL-509T は [$\log_a x$] です．引数が二つあるため，関数は領域型です．底の入力を終えたら，[→] で底エリアを抜けます．

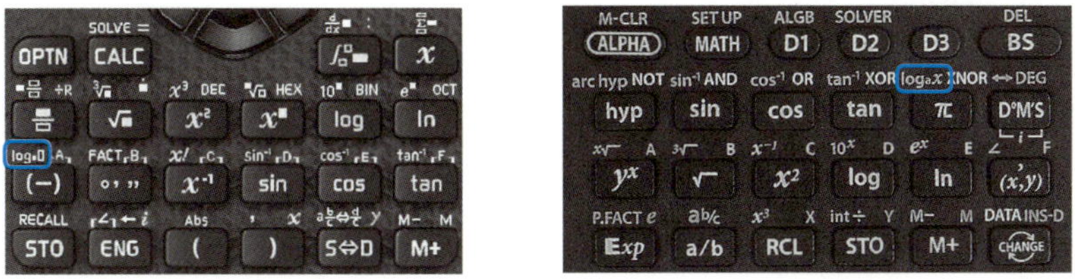

fx-JP500　　　　　　EL-509T

図 5.4　任意の正の実数を底とする対数 [log■□] [$\log_a x$]

例題 5.9　$\log_2(3.6)$ を求めよ．

解答

fx-JP500　[log■□] 2 [→] 3.6 [=]

EL-509T　[$\log_a x$] 2 [→] 3.6 [=]

答：1.847996907

5.4 ・・・ 対数の基本公式

本書は，関数電卓の操作法に関する教科書ですが，対象となる関数のことについても，「これだけは知っておいてほしい」範囲について解説しています．対数の定義は，ここまでに説明したとおりでそれ以上難しいことはないのですが，以下に紹介する 4 つの公式はとてもよく使われるので，必ず覚えてください．

私たちは，なぜ「$2 \times 4 = 8$」になるのか，理由も考えずに使っています．しかし突き詰めて考えれば，なぜ答が 8 になるかを証明することは可能でしょう．以下の定理も，一度証明されてしまえば，いちいち考える必要はありません．むしろ掛け算の九九のように，自然に使えるようになってください．証明は常用対数を使って行われていますが，任意の底に対する対数で成り立ちます．

定理 1. $\log(xy) = \log x + \log y$ (5.14)

証明 $\log x = a$, $\log y = b$ とおけば $xy = 10^a 10^b = 10^{a+b}$ である．両辺の常用対数をとれば，対数の定義 (5.12) から $\log(xy) = a + b$ となるので，$\log(xy) = \log x + \log y$ を得る．

定理 2. $\log(x/y) = \log x - \log y$ (5.15)

証明 省略．定理 1 とまったく同じ方法で証明できるので，各自取り組んでみてください．

定理 3. $\log x^n = n \log x$ (5.16)

証明 $\log x = a$ とおけば $10^a = x$．両辺を n 乗して $(10^a)^n = 10^{an} = x^n$（式 (5.5)）．両辺の対数をとれば $an = \log x^n$，a を $\log x$ に書き戻して $\log x^n = n \log x$ を得る．

定理 4. $\log_a x = \log x / \log a$ (5.17)

証明 $\log_a x = y$ とおけば $x = a^y$ である．両辺の常用対数をとれば $\log x = \log a^y$．式 (5.16) を使い，変形して $y = \log x / \log a$，y を $\log_a x$ に書き戻して $\log_a x = \log x / \log a$ を得る．

対数の概念を一言でいえば，「累乗を掛け算に，掛け算を足し算に変換する」，といってしまってよいでしょう．以上の公式が成り立つのはまさにその性質ゆえです．そして，それが科学や工学の世界で対数が重宝されている理由なのです．

5.5 ・・・ 常用対数の応用

本節では，常用対数の応用について見ていきます．10 進数の対数である常用対数は，

- ✓ 指数関数的な変化を直線的な変化に見えるようにする
- ✓ 累乗の問題を掛け算，割り算の問題に変換する
- ✓ とてつもなく大きな数を扱う

といった目的に使われます．

5.5.1 ● 対数グラフ

いま，図 5.5 のように，変わった目盛りのグラフを考えます．間隔が一定でないうえに，一区切りごとに数が 10 倍になっています．これは，目盛りの数値の対数が等間隔になるように決められているためです．このように，対数で目盛りが付けられたグラフを**対数グラフ**といいます．片側の軸だけが対数になっているものを**片対数グラフ**，両方の軸が対数になっているものを**両対数グラフ**とよび，それぞれ異なる目的に使われます．

片対数グラフは，指数関数的に変化する量をプロットして，現象の本質を明らかにするために役立ちます．たとえば，地球上の全人口の変化を，過去から現在までグラフにしてみま

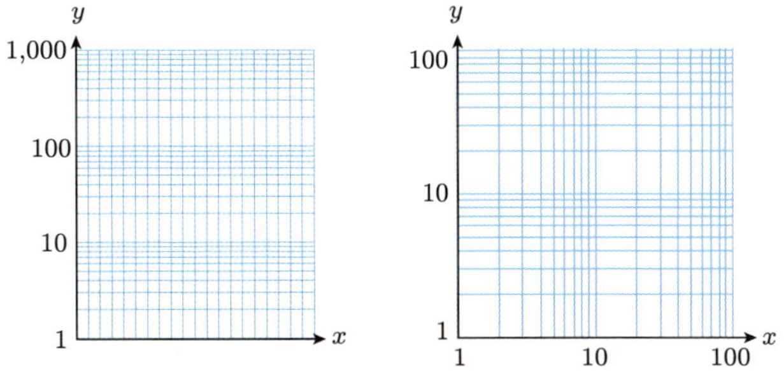

（a）片対数　　（b）両対数

図 5.5　片対数グラフと両対数グラフ

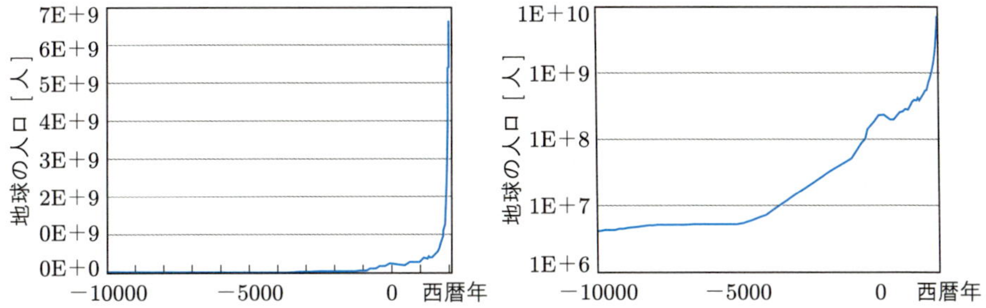

（a）線形目盛りのグラフ　　（b）対数目盛りのグラフ

図 5.6　地球上の全人口の変化[6]

す（図 5.6）.

図 (a) のように縦軸を普通の目盛りとすると，BC（紀元前）2000 年以前の人口は実質ゼロとなり，この間の変化から何かを読みとることができません．ところが，縦軸を対数としたグラフ図 (b) を見てください．BC5000 年から AD（西暦）1700 年までの変化が，ほぼ直線になりました．x と y の関係が片対数グラフで直線になるということは，$y = a^x$ の関係がある，ということを意味します．そして，変化が指数関数的であるということから，その原因を推測することができます．

人類に文明が発生する前は，毎年生まれる人と亡くなる人の数が同じのため，人口には変化がありませんでした．ところが，文明が発生し，生活環境がよくなると，1 組の夫婦から平均で 2 人以上の子供が生き残るようになります．その結果，人口が毎年一定の割合で増えるようになります．BC5000 年といえば，ちょうど四大河文明が発生した頃に一致します．

地球の人口を N とし，これを時間の関数とします．1 組の夫婦から生まれ，生き残る子供の数が人口の増加率（$\mathrm{d}N/\mathrm{d}t$）です．生まれる子供の数は適齢期の夫婦の数に比例し，それは人口にある定数を掛けた値になります．微分方程式で書けば，

$$\frac{\mathrm{d}N}{\mathrm{d}t} = kN \tag{5.18}$$

N：現在の人口，t：時間，k：定数

となります．この微分方程式を解けば，

$$N(t) = N_0 e^{kt} \tag{5.19}$$

N_0：基準となる年の人口

を得ます．つまり，いま述べたようなメカニズムで人口が増加するとき，それは指数関数的な変化になる，ということが明らかになりました．単純な試算を行ってみましょう．

例題 5.10　子供の数と人口増加率の関係を求める．仮に，1 組の夫婦から生まれる子供の数を 4，世代が入れ替わる年数を 20 とする．年あたり，平均で人口は何倍になるか．

解答　題意から，人口は 20 年で 2 倍になります．したがって，年ごとの増加は 2 の 20 乗根です．

fx-JP500　20 [■√□] 2 [=]
EL-509T　20 [x√‾] 2 [=]　答：1.035264924

関数電卓なら「2 の 20 乗根」の計算も難なくこなしますが，かつてはそのような便利な道具はありませんでした．昔は，こういう問題を解くために常用対数を使いました．考え方は以下のとおりです．まず，2 の 20 乗根の対数は，「1/20 に log(2) を掛けたもの」です．

$$\log(2^{1/20}) = \frac{1}{20}\log(2) = 0.01505\cdots \tag{5.20}$$

共通　1 [÷] 20 [×] [log] 2 [=]　答：0.01505149978 | 0.015051499

これは，「2 の 20 乗根は 10 の 0.015051499 乗」ということをいっています．あとは，「常用対数表」から該当する解を探すだけです．私たちは関数電卓を使いましょう．

fx-JP500　[10■] [Ans] [=]
EL-509T　[10^x] [=]　答：1.035264924

2 の 20 乗根を直接計算する方法と同じ結果を得ました．人口は毎年 1.035 倍に増加する，ということがわかります．

一方，20 年で倍，ということは 40 年で 4 倍，60 年で 8 倍，…で，人口は約 200 年で 1,000 倍にもなります．これを**線形グラフ**[◆3]で描くと図 5.6 (a) のようになり，変化の本質的原因が指数関数であることを見破るのは困難です．一方，同じ変化を対数グラフで描けば直線のグラフになり，変化が指数関数の法則に従っていることを見抜くだけでなく，その変化率を読みとることさえ可能です．

◆3　対数グラフに対応する言葉で，x，y 軸の目盛りが一定の割合で増加するグラフを「線形グラフ」とよびます．

例題 5.11　図 5.6 から，BC5000 年から AD1700 年の間に地球の人口はほぼ 100 倍となったことが読みとれる．この間の人口増加率を一定として，年あたりの人口増加率を計算しなさい．また，世代交代を 20 年として，1 組の親から生まれ，生き残る子供の数を計算しなさい．

解答　経過年数は 6,700 年です．したがって，毎年人口が x 倍に増えるとすると，

$$x^{6700} = 100 \tag{5.21}$$

が成り立ちます．ここは，直接計算してしまいましょう．

fx-JP500　6700 [$\sqrt[\blacksquare]{\square}$] 100 [=]
EL-509T　6700 [$\sqrt[x]{\ }$] 100 [=]　　答：1.000687575

6,700 乗根が計算できるとは素晴らしいですね．計算で得た答は毎年の人口に乗ずる値ですから，「増加率」といえばそこから 1 を引いたものです．計算の結果，年あたりの増加率はわずか 0.07% にしかなりませんでした．それでも，6,700 年で 100 倍に増えるわけですから，指数関数的な変化というのは恐ろしいものです．

一方，同じ結果をグラフから読みとることを考えます．縦軸を log に換算する必要がありますが，題意より，AD1700 年と BC5000 年の人口の比は常用対数で $\log(100) = 2$ とわかります．したがって，年ごとの増加率は，以下の計算で求められます．

$$\frac{2}{6700} = 2.985074627 \times 10^{-4} \tag{5.22}$$

$$10^{2.985074627 \times 10^{-4}} = 1.00687575 \tag{5.23}$$

共通　2 [÷] 6700 [=]　　答：$2.985074627 \times 10^{-4}$

fx-JP500　[$10^{\blacksquare}$] [Ans] [=]
EL-509T　[10^x] [=]　　答：1.000687575

指数関数的変化から増加率を読みとる計算，どちらの方法もよく使われます．

子供の数についてはこう考えます．6,700 を世代数で数えると 335 です．したがって，1 世代ごとに人口が何倍になるかを変数 x で表せば，

$$x^{335} = 100 \tag{5.24}$$

です．ここから，x は 100 の 335 乗根とわかります．

fx-JP500　335 [$\sqrt[\blacksquare]{\square}$] 100 [=]
EL-509T　335 [$\sqrt[x]{\ }$] 100 [=]　　答：1.013841698

つまり，世代ごとに人口は 1.014 倍になるということで，夫婦 2 人から生まれて生き残る子供の数は平均 2.028 人となります．

このように，対数を使って物事の推移を眺めると，大きく変化する現象に対する見通しがよくなり，変化の原因についての洞察を得ることができます．

図 5.6 から読みとれるもう一つの事実を指摘しておきましょう．人口増加率は BC3000 年から AD1700 年近くまでほとんど一定の値です[◆4]．これは，信じられないかもしれませんが，ピラミッドの時代からバロック音楽の時代までの間に，人類社会に起こった環境の変化がそれほど大きくないことを示唆しています．もう少し正確にいうと，この間の文明の進歩は，人の生存率向上にはほとんど何の貢献もしていないということが示唆されるわけです．この議論には，ヨーロッパの都市と，20 世紀まで弓矢を持っていたような地域を同列に論じているという危険はありますが，その後の急激な人口増加と対比すれば間違いとはいえないでしょう．

たしかに，バロック音楽の著名な作曲家，J. S. バッハの 20 人の子供は，半数が生後間もなく死んでいます．少し後に生まれたモーツァルトは享年 35，メンデルスゾーンは享年 38，シューベルトは享年 31 と，皆意外に若くして亡くなっています．人が 50 歳まで当たり前に生きられるようになったのは割合最近のことなのです．

人口増加率が突然変化した 18 世紀に何が起こったかというと，産業革命と科学技術の発展です．これが同時に医学の進歩，公衆衛生の改善をもたらし，平均寿命と子供の生存率が大幅に向上しました．その結果，19 世紀以降の人口は対数グラフでも跳ね上がっています．そして，20 世紀後半に入ってからの変化をよく見ると，さすがに増加率が鈍化していることがわかります．これは，地球という入れ物が，もはや人類にとって十分大きいとはいえなくなったことにより起こった変化と考えられます．このように，データの推移を対数で見ることにより，変化の裏にある文明，社会，科学技術などの要因を的確に捉えることができるわけです．

次に，両対数グラフの活用方法について考えます．両対数グラフの著しい特徴は，$y = kx^n$ のグラフ（k，n は定数．$y = a^x$ と違い，これは指数関数ではありません）がすべて直線になる，ということです．証明は簡単で，両辺の対数をとると

$$\log y = \log(kx^n) = \log k + n \log x \tag{5.25}$$

となり，$\log x$ と $\log y$ の関係が 1 次関数になるためです．

両対数グラフが威力を発揮するのは，未知のデータ x，y の組が $y = kx^n$ という関係にあるかどうかを調べたいときです．たとえば，図 5.7 のような実験を考えます．おもりを使い張力を一定に保った弦を起振器によって振動させ，弦の固有振動数を計測します．弦の長さ l を変えると，固有振動数 ν_0 はどう変わるでしょうか．

計測した結果を線形グラフにしてみたものが図 5.8 (a) です．固有振動数は指数関数的に減少しているようにも見えるし，弦の長さに反比例しているようにも見えますが，この

◆4　AD0〜500 年頃に凹凸がありますが，論理的な根拠が想像しにくく，むしろ人口推計に用いた資料の偏りが原因と考えたほうがよいと思います．

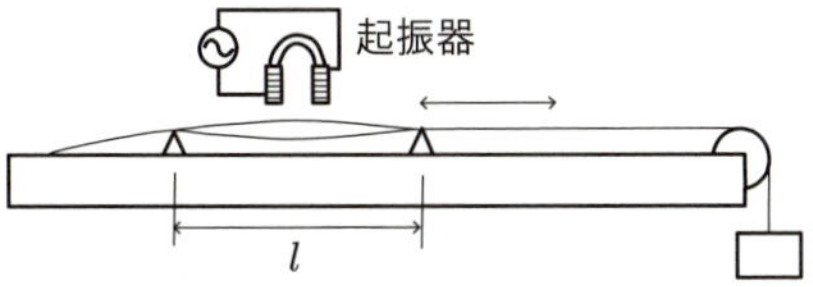

図 5.7　弦の固有振動数を計測する実験

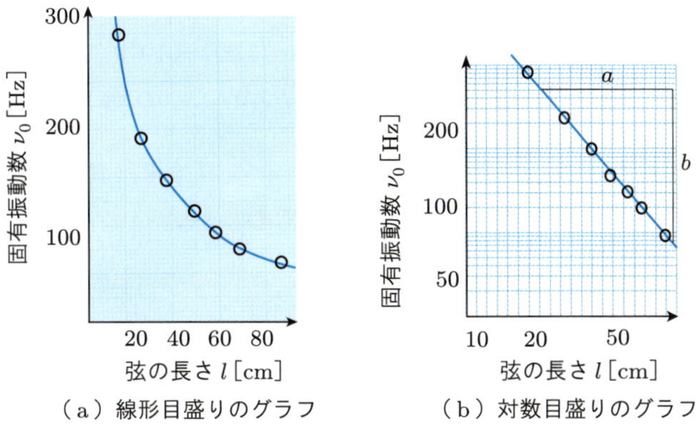

図 5.8　張力一定のときの，弦の長さと固有振動数の関係

グラフからでは断定できません．しかし，グラフを両対数で描いてみるとどうでしょうか．図 (b) を見てください．右下がりの直線になりました．したがって，弦の長さと固有振動数の関係は $\nu_0 = kl^n$（k，n は定数）という関係にあることが明らかになりました．

では，n はいくつでしょうか．この場合，グラフの傾きを計算します．両対数グラフの傾きは，プロットを通る直線の縦横の比率，b/a をとることで求められます．計測の結果，傾きは -1.02 となりました．したがって，この現象は $n = -1$，すなわち $\nu_0 = k/l$ という法則に従っている可能性がきわめて高い，という結論が得られます．

実際のところ，弦の固有振動数と長さ，張力，線密度の関係は以下の公式に従うことが知られています．

$$\nu_0 = \sqrt{\frac{T}{\rho}}\frac{1}{2l} \tag{5.26}$$

ν_0：弦の固有振動数，T：弦の張力，ρ：弦の線密度，l：弦の長さ

実験結果は，理論と整合がとれたものであることが示されました．

5.5.2 ● 累乗と対数

関数電卓が登場する前，対数の主な使い方は大きな数の掛け算，割り算を楽に行う，というものでした．たとえば $63,953 \times 30,911$ という掛け算を考えましょう．これが暗算でできる人はまずいないと思います．筆算でも相当時間が掛かりますね．しかし，ここに**常用対数表**という表があるとします．これは，1.000 から 9.999 までの数値の常用対数が，びっしりと

一覧表になって書き込まれているものです．これを使うと，以下の手順で $63,953 \times 30,911$ の答が求められます．

63,953 を 6.395×10^4 に近似する　→　6.395 の対数を調べると 0.80584

30,911 を 3.091×10^4 に近似する　→　3.091 の対数を調べると 0.49010

$$\begin{aligned}\log(63953 \times 30911) &= \log(63953) + \log(30911) \\ &\approx \log(6.395 \times 10^4) + \log(3.091 \times 10^4) \\ &= 4 + 0.80584 + 4 + 0.49010 = 9.29594 \end{aligned} \tag{5.27}$$

次に，常用対数表から $\log x = 0.29594$ となる x を探すと 1.977 となりますから，$10^{9.29594} = 10^{0.29594} \times 10^9 = 1.977 \times 10^9$，すなわち $63,953 \times 30,911$ の答はおよそ 1.977×10^9 となります．

一方，この程度の計算なら，関数電卓を使えば一発です．

共通　63953 × 30911 =　　　答：1976851183

両者は 4 桁の精度で一致しています．このように，かつては大きな数の掛け算，割り算を効率よく計算するために対数が使われました．

「対数」の考え方が生まれたのは 1600 年頃で，この頃は近代天文学の黎明期でした．天文学の計算は，まさに天文学的な大きさの数値の掛け算，割り算の延々とした繰り返しです．当代きっての数学者ラプラスは，対数表を評して「天文学者の寿命を 2 倍に延ばした」といったそうです[7]．

しかし，関数電卓が誰にでも手に入る現代では，大きな数の計算をわざわざ対数で行う必要はまったくなく，上のように直接電卓を叩けばよいわけです．では，現代においても対数の考え方が役立つのはどういうときでしょうか．それは，累乗計算の逆問題が登場するときです．

「$a^y = x$ となるところの y を探せ」というのは，平方根の計算と同様，手計算では試行錯誤で解に近づく以外の方法はありません．一方で，対数とはまさに累乗計算の逆関数ですから，このような問題は関数電卓があれば即答できます．具体例を挙げましょう．

例題 5.12　銀行に毎年 3.0% の複利で 80 万円を預けた．これが 100 万円になるまでには何年待つ必要があるか．

解答　毎年 3.0% の複利というのは，1 年ごとにいまある預金が 1.03 倍になるということです．すなわち問題は，$80 \times (1.03)^x = 100$ となる x を求めよ，と翻訳できます．ここで両辺の log をとれば，

$$\log(80) + x\log(1.03) = \log(100) \tag{5.28}$$

$$x = \frac{\log(100) - \log(80)}{\log(1.03)} \tag{5.29}$$

となり，あとは関数電卓で計算するだけです．

fx-JP500　[保存] [log] 100 [)] [−] [log] 80 [)] [↓] [log] 1.03 [)] [=]
EL-509T　[a/b] [log] 100 [−] [log] 80 [↓] [log] 1.03 [=]　答：7.549140506 年

意外にあっという間ではないですか？ こんな風に，昔は定期預金ですぐに資産が増えたのですが．次はこんな問題です．

例題 5.13　ある化学工場で，溶液の精製工程を設計している．図 5.9 のように，精製装置は溶液が 1 回通過するごとに不純物の濃度を元の 1/2 に減少させる．いま，原料の不純物濃度を 30%，目標の濃度を 0.1% としたとき，この装置を何回通過させればよいか計算せよ．

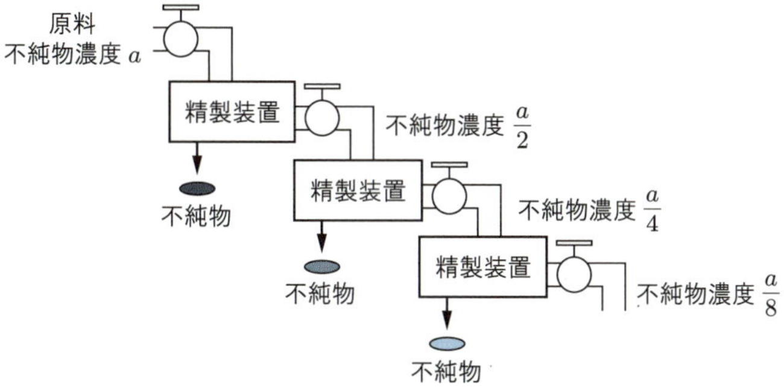

図 5.9　溶液の精製工程の概念図

解答　装置を通過させる回数を n として問題を定式化すると，

$$0.1 = 30 \times \left(\frac{1}{2}\right)^n \tag{5.30}$$

となる n を求めよ，ということになります．例題 5.12 と似たような問題ですが，今度は両辺を 30 で割ってから対数をとり，

$$\log\left(\frac{0.1}{30}\right) = n \log\left(\frac{1}{2}\right) \tag{5.31}$$

としました．本書は数学の教科書ではありませんから，これ以上の変形はせずに直接計算してしまいます．n を求めるには，以下のように操作します．

fx-JP500　[保存] [log] 0.1 [÷] 30 [)] [↓] [log] 0.5 [)] [=]
EL-509T　[a/b] [log] [(] 0.1 [÷] 30 [)] [↓] [log] 0.5 [=]　答：8.22881869 回

解は整数であるべきなので，8 回では不足で，9 回の処理が必要，ということがわかりました．

例題 5.14　例題 5.13 において，処理回数 8 でほとんど目標達成なのに 9 回処理を行うのはもったいない．では，処理回数を 8 回で済ませるためには，1 回あたりの不純物除去率をどの程度にすればよいか．

解答　今度は $0.1 = 30 \times r^8$ となる r を求めます．両辺を 30 で割ってから 0.1/30 の 8 乗根をとるのももちろん一つの方法ですが，今回は対数を使ってみましょう．

$$\log\left(\frac{0.1}{30}\right) = 8\log r \tag{5.32}$$

$$r = 10^{\log(0.1/30)/8} \tag{5.33}$$

操作手順はいくつか考えられますが，一例を挙げると以下のとおりです．

fx-JP500　log 0.1 ÷ 30) ÷ 8 = 10■ Ans =
EL-509T　log (0.1 ÷ 30) ÷ 8 = 10^x =

答：0.4901848033 | 0.490184803

0.5/0.49 = 1.02 で，2% 程度の性能改善が必要，という結果になりました．

以上見てきたように，累乗が出てくる問題を解くには，電卓の使い方というよりは，対数に対する理解が重要であることがわかると思います．実務で使うレベルで必要な知識は本書の範囲で十分ですから，しっかりマスターしてください．

5.5.3 ● 大きな桁数の見積り

この世には，関数電卓でも計算できない大きな桁数の問題がたくさんあります．これらの問題を解くためにも対数が有効に使えます．いくつかの例題を見ていきます．

例題 5.15　最近見つかった最大の素数は $P = 2^{77,232,917} - 1$ という数である．この数は何桁の整数か．

解答　関数電卓で $2^{77,232,917}$ を計算してみてください．エラーになりますね．さすがに，正攻法では歯が立ちません．ここは両辺の log をとりましょう．「−1」は小さいので無視してかまいません．

$$\log P = 77232917\log(2) \tag{5.34}$$

共通　77232917 log 2 =　　答：23249424.67

$\log P$ は P が 10 の何乗かを表し，「桁数」はそれに 1 を足したものです．したがって，答は「23,249,425 桁」です．A4 の紙にびっしり印刷して積み上げると 60 cm くらいになります．途方もない数ですね．

次はちょっと変わった問題を考えてみましょう．いわゆる「フェルミ推定」（→p.61）の問題です.

例題 5.16　将棋と囲碁はどちらが複雑なゲームか計算せよ.

解答　ご存知ない方のために，囲碁と将棋の大雑把なルールを説明しましょう．盤面はそれぞれ**図 5.10** のようなものです．囲碁は，19×19 のマス目の交点に 2 人のプレーヤーが交互に黒と白の石を置いていき，自分の石で「壁」を作り，囲まれた面が領地となります．これ以上石を置けなくなったとき，領地が広いほうが勝ち，というルールです．

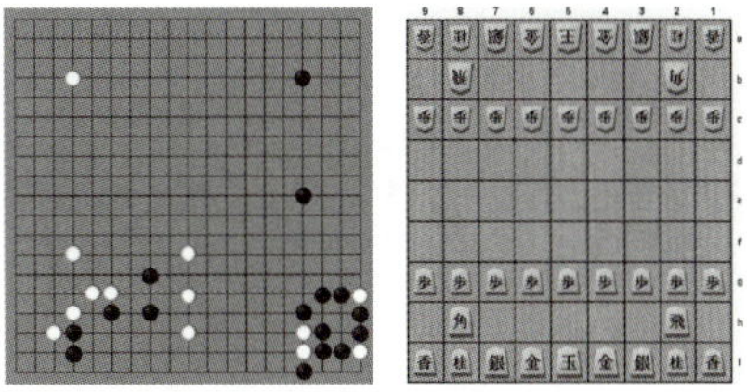

図 5.10　囲碁と将棋の盤面

一方，将棋は 9×9 のマス目の盤に，双方 20 ずつの駒を自陣に並べてスタート，交互に一つずつ動かします．駒を動かせる方向は，駒の種類により異なります．敵陣に入った駒は「成る」ことができ，種類が変わります．相手の駒に自分の駒を重ねて「取る」ことができ，取った駒は味方として再び盤面に置けます．最終的に相手の「王将」を取ったほうが勝ちです．

「ゲームの複雑さ」は抽象的な概念です．ここを，大胆な仮定に基づいて，計算可能な数式に置き換えるのがフェルミ推定のセンスです．囲碁については以下の仮定をおきましょう．

囲碁は，盤面の「場合の数」n_{I} を複雑さとする．交点の数は $19 \times 19 = 361$，各交点には「白」「黒」「石が置かれていない」の 3 通りの場合があるから，場合の数は $n_{\mathrm{I}} = 3^{361}$.

当然，これも対数をとらないと計算できません．

$$\log(n_{\mathrm{I}}) = 361 \log(3) \tag{5.35}$$

共通　361 log 3 =　　答：172.240773

場合の数は，およそ 10^{172} と求められました．一方，将棋はこう考えましょう．

将棋は，盤上のすべての局面の「場合の数」n_{S} を複雑さとする．歩，香車，桂馬，金など複数ある駒は別々のものとして区別する．また，すべての駒が「成る」ことができると考え，敵に取られた状態も考慮．ただし，複雑になるので二歩などのルールは考慮しない.

将棋の駒の数は双方で 40．これを 81 個のマスに置く組み合わせは，p.32 の議論を参考に，

$${}_{81}P_{40} = \frac{81!}{(81-40)!} \tag{5.36}$$

です．しかし，それだけでは不十分です．盤上の駒の向きと，「取られた」状態を考慮する必要があります．こう考えましょう．いま，棋士 A と B が対戦しているとします．すべての駒は「A の駒として盤上にある（表または裏）」，「B の駒として盤上にある（表または裏）」，「A の持ち駒である」，「B の持ち駒である」という 6 つの状態のうちのいずれかをとります．すなわち，式 (5.36) のすべての組み合わせに対して，さらに 6^{40} 個の組み合わせがあるわけです◆5．したがって，n_{S} は以下のように書けます．

$$n_{\mathrm{S}} = \frac{81!}{(81-40)!}6^{40} \tag{5.37}$$

さっそく計算しようとすると，困ったことに関数電卓は 69 より大きな階乗は計算できません．そこで，大きな数の階乗に関する「スターリングの公式」

$$\ln(n!) \approx n \ln n - n \tag{5.38}$$

を利用します．

$$\ln({}_{81}P_{40}) = \ln(81!) - \ln(41!) \approx \{81\ln(81) - 81\} - \{41\ln(41) - 41\} \tag{5.39}$$

fx-JP500　81 ln 81) − 81 − (41 ln 41) − 41 =
EL-509T　81 ln 81 − 81 − (41 ln 41 − 41 =　答：163.6939268

次に，表示された解から，

$$\ln n_{\mathrm{S}} = \ln({}_{81}P_{40}) + 40\ln(6) \tag{5.40}$$

を使い，$\ln n_{\mathrm{S}}$ を計算します．

共通　+ 40 ln 6 =　答：235.3643056

最後に，底の変換公式

$$\log n_{\mathrm{S}} = \ln n_{\mathrm{S}} \log e \tag{5.41}$$

を使い，桁数を出します．ネイピア数 e を指数関数を使って表現する方法はすでに学びましたが，ここでは，関数電卓の機能として用意されている定数 e を使う方法を紹介します．fx-JP500 は ALPHA ×10^x，EL-509T は ALPHA Exp と操作します（図 5.11）．

共通　× log e =　答：102.2174191

将棋の「場合の数」は 10^{102} となります．この勝負，囲碁の勝ちと出ました．皆さんの

◆5　この考え方だと，「持ち駒」が同じ局面を重複して数えることになりますが，それを考慮しても，しなくても，結果はほとんど変わりません．

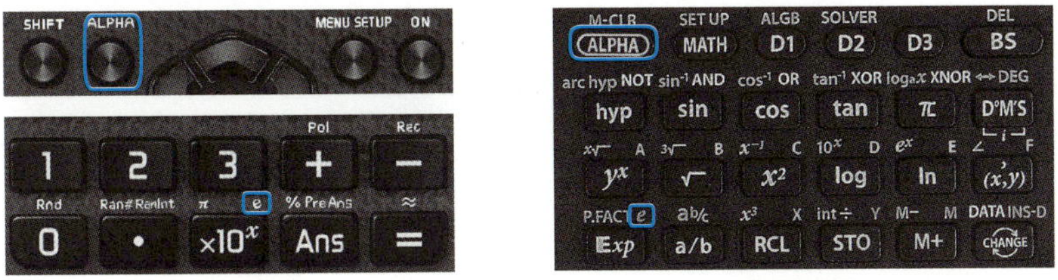

fx-JP500　　EL-509T

図 5.11　ネイピア数を直接打ち込むキー e

印象と比べてどうだったでしょうか？ ついでながら，この問題はいわば「宗教戦争」のようなもので，囲碁・将棋ファンにこの質問は禁句です．公平を期すために，章末問題では，将棋の複雑さを別の観点から検討してみました．

5.6 ••• 自然対数の応用

先に述べたように，この世には微分方程式 $\mathrm{d}y/\mathrm{d}x = ky$ で表される現象が数多くあります．まさに自然は e^x の法則に従って動いている，という印象さえあります．したがって，その逆関数である自然対数も，自然の法則を理解するためには不可欠です．数限りない例の中から，代表的なものを二つ取り上げます．

5.6.1 ● ランベルト－ベールの法則

光が損失のある媒体を進むとき，進むにつれてその強度が減衰していきます．これを微分方程式で表すと，以下のようになります．

$$\frac{\mathrm{d}I}{\mathrm{d}z} = -\alpha I \tag{5.42}$$

I：光の強度，α：減衰定数，z：光が進んだ距離

微分方程式の意味は，「単位長さ進むごとに失われる光の強度は，その場所の光の強度と減衰定数の積に等しい」ということで，いかにも自然界が好む「自然な」法則になっています．解法は省略しますが，以下の表式が微分方程式の解になっていることは，代入すればただちにわかります．

$$I(z) = I_0 e^{-\alpha z} \tag{5.43}$$

I_0：$z = 0$ における光の強度

これを，「ランベルト－ベールの法則」とよびます．進むにつれ減衰する光強度のイメージを図 5.12 に示しました．ここで**減衰定数** α は，「光の強度が $z = 0$ の $1/e$（約 37%）になる距離の逆数」という物理的意味があります．また，α が小さいときは，これを「1 m 進

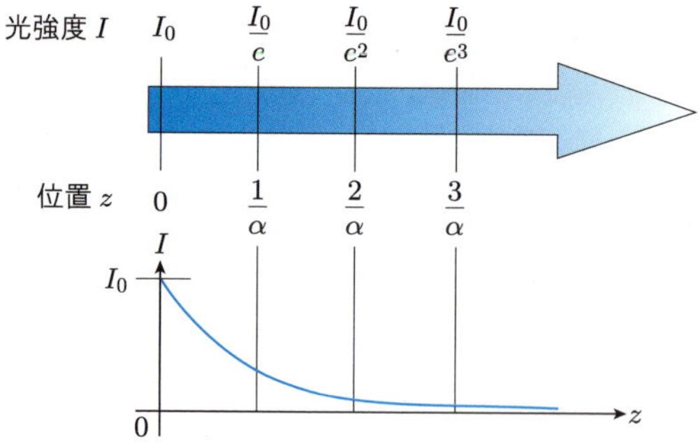

図 5.12　ランベルト－ベールの法則

むごとに光が減衰する割合」と考えることができます◆6．具体例を計算してみましょう．

例題 5.17　「霧の摩周湖」で有名な摩周湖は，かつては透明度世界一を誇り，その値は 40 m だったという．以下の問に答えよ．

(1) 光の減衰定数 [m^{-1}] を求めよ．

(2) 211 m の湖底における光の強度は湖面の何分の 1 か．

解答　まず，「透明度」というあいまいな量を物理学の言葉に翻訳する必要があります．透明度の定義は，「直径 30 cm の白いディスクを沈めていき，見えなくなったところの深さ」だそうです．このとき，1 往復で光の強度は約 1/100 になるそうです[8]．そこで，摩周湖の透明度 40 m を，「1 往復 80 m で光強度が 1/100 になる」と翻訳します．

ランベルト－ベールの式を変形して，以上の条件を代入すると，

$$\frac{I(80)}{I_0} = 0.01 = e^{-80\alpha} \quad \rightarrow \quad \alpha = -\frac{1}{80}\ln(0.01) \tag{5.44}$$

を得ます．指数と対数の関係には慣れましたか？ では計算しましょう．

共通　(−) 1 ÷ 80 × ln 0.01 =

答：$0.05756462732\ \mathrm{m}^{-1}$ | $0.057564627\ \mathrm{m}^{-1}$

これで減衰定数が得られました．1 m 進むごとに光は約 6% ずつ減衰する計算です．続いて，湖底の光の強度です．ランベルト－ベールの法則から，任意の位置における光の強度は，

$$\frac{I(z)}{I_0} = e^{-\alpha z} \tag{5.45}$$

です．α に 0.0575 を代入すれば，摩周湖における光強度の変化がわかります．まずは検算です．40 m 伝搬後の光強度は，0.01 の平方根で 0.1 になるはずです◆7．

◆6　α が小さいとき，$e^{-\alpha z} \approx 1 - \alpha z$ が成り立つためです．コラム（→p.130）を参照してください．

◆7　指数関数の性質から，長さ L で光強度が $1/\beta$ になるとき，長さ $2L$ では $1/\beta^2$ になります．

fx-JP500 ▶ $e^{\blacksquare}$ (−) 0.0575 × 40 =

EL-509T ▶ e^{x} (−) 0.0575 × 40 = 答：0.1002588437

予想どおりの答になりました．続いて z に 211 を代入してみましょう．

fx-JP500 ▶ $e^{\blacksquare}$ (−) 0.0575 × 211 =

EL-509T ▶ e^{x} (−) 0.0575 × 211 = 答：$5.381733628 \times 10^{-6}$

まさに指数関数的に光の強度が減少していることがわかります．いかに透明度が高いといっても，湖底は真っ暗です．

5.6.2 ● 放射性元素の崩壊と年代推定

自然界における指数関数的な変化のもう一つの代表格は，放射性元素の崩壊でしょう．たとえばウラン ^{235}U，炭素 ^{14}C などの**放射性同位体元素**[8]は，ある一定の確率で崩壊して別の元素に変わることが知られています．一例を挙げると，^{14}C は次式のように崩壊して ^{14}N に変化します（図 5.13）．

$$^{14}\mathrm{C} \to {}^{14}\mathrm{N} + e^{-} + \overline{\nu}_{\mathrm{e}} \tag{5.46}$$

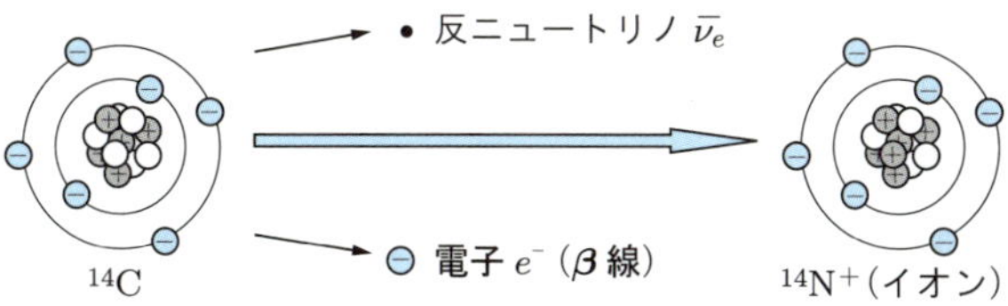

図 5.13　^{14}C のベータ崩壊

ある一つの原子を見たとき，これがいつ崩壊するかを予言することはできません．しかし，多くの原子からなる集団があったとき，毎秒どのくらいの数の原子が崩壊するか，という確率は一定で，原子数の変化は確実に予測することができます．崩壊の確率を α とすれば，微分方程式は，

$$\frac{\mathrm{d}n}{\mathrm{d}t} = -\alpha n \tag{5.47}$$

n：原子の数，α：崩壊確率，t：経過時間

となります．解けば，ランベルト－ベールの法則とよく似た，

$$n(t) = n_0 e^{-\alpha t} \tag{5.48}$$

◆8　元素記号の左肩の数字は核子（陽子＋中性子）の質量数を表し，同じ元素でも核子数が異なるものを同位体といいます．同位体の中には安定に存在できないものが多くあり，それらを放射性同位体とよびます．

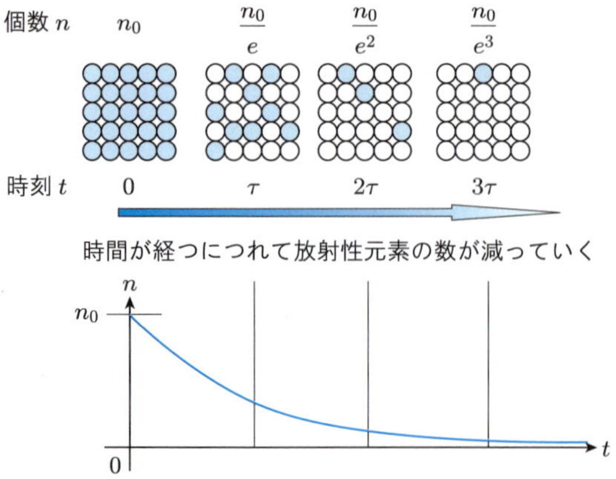

図 5.14　放射性元素の崩壊と，数の変化の様子

n_0：$t = 0$ における原子の数

を得ます．定数 α の逆数は時間の次元をもち，$\tau = 1/\alpha$ [s] を**寿命**とよびます．寿命とは，$t = 0$ のときの放射性元素の数を基準とし，その数が元の $1/e$ になるのに掛かる時間ともいえます（図 5.14）．

放射性元素の寿命はまさに千差万別で，1 マイクロ秒にも満たないものから，数十億年のものまであります．そこが核物理学者を惹きつける魅力なのですが，いまはもう少し身近な例を考えましょう．

炭素の放射性同位体 ^{14}C は，大気と宇宙からやってくる放射線の反応で常に一定量が作られていて，大気中の二酸化炭素には一定の割合で ^{14}C が含まれます．それを植物が吸収し，自らの組織を作ります．それを草食動物が食べ，肉食動物が草食動物を食べます．私たち人間を含むすべての生物は，知らず知らずのうちに普通の炭素（^{12}C）と ^{14}C が混ざったものを食べているわけです．動物や植物が死ぬと，それらは新しい炭素を取り込むのをやめます．すると体を構成する ^{14}C は徐々に崩壊して減っていきます．一方の ^{12}C は安定な同位体ですから，化石になっても数は変わりません．

考古学者は，掘り出した動物や植物を分析し，生きているものに比べ ^{14}C の割合がどのくらい少ないかを分析することにより，その生物が死んでからどのくらい経ったかを推定することができるわけです．これを**放射性同位体年代測定法**といいます[9]．

例題 5.18　ある生物の化石の ^{12}C/^{14}C 比率は，現在の地球上の ^{12}C/^{14}C 比率の 1/120 であった．この化石の年代を推定せよ．^{14}C の半減期は 5,730 年である．

解答　問題文にある**半減期**とは，放射性元素が「元の半分に減るまでに掛かる時間」で定義される時間で，放射性崩壊の分野で一般に使われる寿命の尺度です．まずは，これを物理学の定義による寿命に換算します．以下の計算

$$e^{-5730/\tau} = 0.5$$
$$\tau = -5730\frac{1}{\ln(0.5)} \tag{5.49}$$

共通　(−) 5730 ÷ ln 0.5 =　　答：8266.642584

より，$\tau = 8,267$ 年を得ます．続いて，式 (5.48) の α に $1/\tau$ を代入して変形すると，以下の表式を得ます．

$$\ln\left(\frac{n}{n_0}\right) = -\frac{t}{\tau} \tag{5.50}$$

これを，さらに t に対して解いてもよいのですが，ここは「脳内式変形」に挑戦してみてください．

fx-JP500　(−) Ans ln 1 ÷ 120 =
EL-509T　(−) Ans ln (1 ÷ 120 =　　答：39576.48311 年

化石の年代は約 39,600 年前と判明しました．

5.7 ••• デシベルとは何か

日常で**デシベル**（dB）という言葉を聞く機会はよくあると思います．主に，騒音を測るときの単位としてでしょうか．デシベルとは，本来は音に限らず，さまざまな分野で使われる「大きさの比率」を表す対数スケールです．定義式をまず示します．

$$\mathrm{dB} = 10\log\left(\frac{I}{I_0}\right) \tag{5.51}$$

I_0：基準となるパワー，I：比較対象のパワー

しかし，慣例として，音ならば I_0 を $10^{-12}\,\mathrm{W/m^2}$，電気信号や光信号なら I_0 を $1\,\mathrm{mW}$ と決め，絶対的な大きさを表す単位としても使われています．

また，音も電気信号も，パワーでなく圧力（音なら空気の圧力，電気信号なら電圧）で測られることが多く，この場合デシベルは以下の定義になります．

$$\mathrm{dB} = 20\log\left(\frac{A}{A_0}\right) \tag{5.52}$$

A_0：基準となる圧力（音圧，電圧など），A：比較対象の圧力（音圧，電圧など）

理由は，パワーが圧力の 2 乗に比例するからで，たとえば圧力が 10 倍のとき，パワーは 100 倍になりますが，式 (5.51) の定義でも式 (5.52) の定義でも，比率は 20 dB となります．**表** 5.2 に，デシベルの値と基準値に対する比率をまとめました．

表 5.2　圧力，パワーにおける比率とデシベルの関係

dB	0	10	20	30	40
パワー比	$1:1$	$1:10$	$1:100$	$1:1,000$	$1:10,000$
圧力比	$1:1$	$1:\sqrt{10}$	$1:10$	$1:10\sqrt{10}$	$1:100$

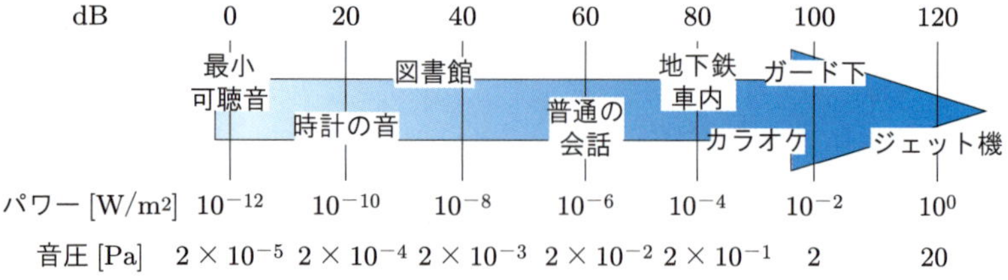

図 5.15　音の大きさを表すデシベルのパワー，音圧とその目安

音の $0\,\mathrm{dB} = 10^{-12}\,\mathrm{W/m^2}$ は，人間がようやく聴こえるギリギリの大きさを基準に決められたそうです．静かな図書館の中の音は 40 dB，つまりパワーレベルはその 10^4 倍，ということです．鼓膜が破れる寸前，ジェット機の離陸時の騒音が 120 dB，音のパワーは 1 兆倍というとてつもない大きさになります．音のパワー，音圧とデシベルの関係を図 5.15 に示しました．

許容できる最大のパワーと検知可能な最小のパワーの比率を dB で表したものを**ダイナミックレンジ**とよび，計測器の重要な性能の一つとなっています．驚くべきは，人間の耳がこのように大きなダイナミックレンジをもっているということです．身の回りを見てください．体重計，温度計など，計測機器のダイナミックレンジは，よくてもせいぜい 30 dB（3 桁）です．皆さんは，それらをはるかに超える 120 dB（12 桁）ものダイナミックレンジをもつ高性能なセンサーを持っているのです．

さて，4.7.3 項（→p.55）でちょっと説明したオーディオ CD の規格ですが，規格を決める技術者は，このように高性能な人間のセンサーが十分騙される（？）ように，ダイナミックレンジ 100 dB を一つの目安と考えました．音楽の信号は，パワーでなく音圧で記録します．ダイナミックレンジ 100 dB の信号を記録するとして，最大と最小の音圧の比率はいくつでしょうか．計算してみましょう．これは暗算でも十分可能です．

$$20\log\frac{A}{A_0} = 100 \quad \rightarrow \quad \frac{A}{A_0} = 10^5 \tag{5.53}$$

次に，これをデジタル化するのに必要なビット数を考えます．n bit の符号は 1 から 2^n までの大きさを記録できますから，技術者は記録ビット数を 16 に決めました（→8.1 節，(→p.132)）．16 bit で表せる最小の音圧は 1，最大は $2^{16} = 65,536$ です．ダイナミックレンジを計算してみましょう．

$$D = 20\log\left(\frac{2^{16}}{1}\right) \tag{5.54}$$

fx-JP500　20 log 2 $x^{\blacksquare}$ 16 =

EL-509T　20 log (2 y^x 16 =　　答：96.32959861 dB

正確には 96 dB で，目標には少し足りませんが，16 bit はコンピューターにとって大変キリのよい数字なので，ここは妥協します．あとは，人間の可聴周波数をもとに記録周波数を 0〜22.05 kHz と決め，当時の技術水準から 1 枚のディスクに記録可能な時間が決定しました．

CD の，74 分という中途半端な記録可能時間については裏話があります．当時開発者たちは，収録時間を常識的な「1 時間」にするつもりでした．しかし，クラシック音楽の大指揮者ヘルベルト・フォン・カラヤンに「ベートーヴェンの『第九』が 1 枚に入るようにするべきだ」といわれ，直前に 74 分と決定したというものです．これには異説もあるようですが，ロマンのある話ですね．

次は，**光ファイバー**を例にとり，相対値としての dB とマイナスの dB について考えます．今度の場合，dB は上述のように絶対的な意味合いをもつ量でなく，完全な相対量です．一般に，増幅器などの入力，出力のパワー比を**利得**とよび，[dB] で表すと以下のようになります．

$$利得\ [\mathrm{dB}] = 10 \log \left(\frac{I_{\mathrm{out}}}{I_{\mathrm{in}}} \right) \tag{5.55}$$

I_{in}：入力パワー，I_{out}：出力パワー

そして，利得 [dB] には 0 からプラス方向のみでなく，マイナス方向にも等しく定義が可能です．利得がマイナスのとき，出力パワーは入力パワーより小さくなるわけで，このときは**損失**とよばれます．**表 5.3** に，入出力のパワー比と，利得または損失 [dB] の関係を示します．

表 5.3　パワーの利得，損失と dB

出力/入力	0.1	0.501	0.794	1	1.259	1.995	10
利得・損失 [dB]	−10	−3	−1	0	1	3	10

利得・損失が ±3 dB のとき，出力は大変よい近似で，入力の 2 倍・1/2 倍になっていることに気づいたでしょうか．2 というのは大変キリのよい数字なので，±3 dB は強度比に関するさまざまな指標に使われます．エンジニアはよくこれを「3 デシ」と略してよびますが，一種のギョーカイ用語ですね．

話を元に戻すと，光ファイバーとは二重になった細いガラス繊維で，この中に光信号を通し，情報を伝達するものです（**図 5.16**）．現代のネット社会は光ファイバーのおかげで成立している，といっても過言ではありません．

なるべく遠くまで情報を伝えるために，光ファイバーの損失は重要な性能指標で，その大きさは [dB/km] で測られます．現在の最高性能の光ファイバーは，およそ 0.15 dB/km という損失です．これは，1 km 信号が進むたびに光パワーが −0.15 dB になる，ということです．1 km あたりのパワー減衰率に換算してみましょう．式 (5.55) から，

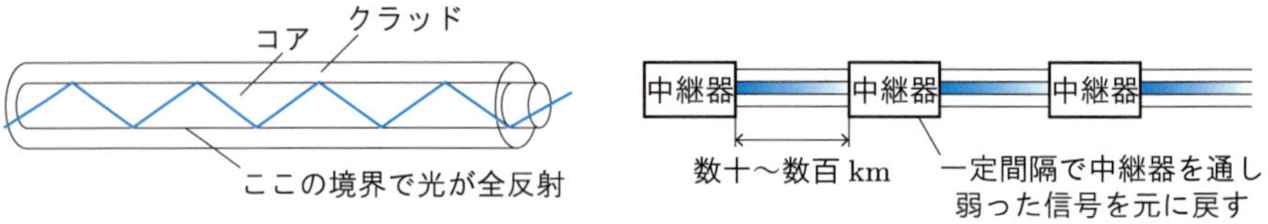

図 5.16　光ファイバーと長距離通信のしくみ

$$\frac{I}{I_0} = 10^{-0.15/10} \tag{5.56}$$

fx-JP500　10■　(−)　0.15　÷　10　=
EL-509T　10^x　(−)　0.15　÷　10　=　　答：0.966050879

です．つまり，1 km の光ファイバーを通すと，入射光の約 97% が透過することになります．ピンとこないかもしれませんが，光ファイバーの中身はガラスです．厚さ 1 km のガラスの向こう側が透けて見えるということを想像してください．先ほどの摩周湖を引き合いに出すまでもなく，信じられないほどの透明度であることがわかるでしょう．

光ファイバーの損失に [dB] が使われる理由は，もちろんそれが大変便利だからです．たとえば，減衰定数 α [dB/km]，長さ L [km] の光ファイバーに光を通すと，損失は αL [dB] です．光ファイバーの距離と損失の関係はランベルト - ベールの法則に従うため指数関数なのですが，これを対数で表すことにより，1 次関数になってしまいます．次のような問題を考えましょう．

例題 5.19　日本からアメリカまで光ファイバー通信線を引きたい．ファイバーの損失は 0.15 dB/km で，信号が 1/1,000 になったら再び増幅する中継器が必要である．太平洋横断の距離を 9,000 km として，中継器はいくつ必要か．

解答　まず，強度 1/1,000 が −30 dB に等しいことを理解します．そして，30/0.15 = 200 km が強度 −30 dB になる距離とわかります．あとは 9,000 を 200 で割り，答は 45. 45 個の中継器が必要となります．ここまでの計算に関数電卓が不要であることは注目すべきです．損失を [dB] で表すことのメリットがまさにこれなのです．中継器の数が意外に多いと思いましたか？ 実際に太平洋の海底にはこれくらいの数の中継器が埋設されています．中継器の数を減らし，通信コストを下げるためには光ファイバーの損失のさらなる低減が必要で，現代光工学の重要な研究テーマとなっています．

5.8 ・・・ 対数スケールの単位いろいろ

本節では，日常耳にする単位が実は対数スケールであることを明らかにするとともに，いくつかの例題を解くことで対数計算の腕前を磨くことにしましょう．

5.8.1 ● 星の等級

夜空を彩る星たちの明るさを**等級**で表そう，という試みは，古代ギリシャ時代から行われていました．そのころは明るさを測る方法などなかったため，人間の感覚にたよって明るさを等間隔に等級付けしていました．19 世紀になり科学が発達すると，「これではまずい」ということになり，等級のきちんとした定義を策定することになりました．このとき，かつての定義に整合させるために，星の明るさは対数的な尺度で測られるようになった，というのが歴史的経緯です[10]．人間の目や耳は非常にダイナミックレンジの大きなセンサーなので，「等間隔」が対数になるようにできています◆9．計測の結果，6 等星と 1 等星の明るさの比が 100 倍であることがわかり，等級の定義として以下の式が定められました．

$$M - M_0 = -2.5 \log\left(\frac{I}{I_0}\right) \tag{5.57}$$

M：ある星の等級，M_0：基準となる星の等級，
I：ある星の明るさ，I_0：基準となる星の明るさ

符号のマイナスは，等級が「小さいほど明るい」と定義されているためです．基準となる星や「明るさ」の定義も時代とともに変わり，現在ではかなり複雑な定義になっていますが，近似的に北極星が 2 等星，こと座のヴェガ（織り姫）が 0 等星というのは太古から変わっていません．星の等級のイメージと，いくつかの有名な星の等級を図 5.17 に示しました．

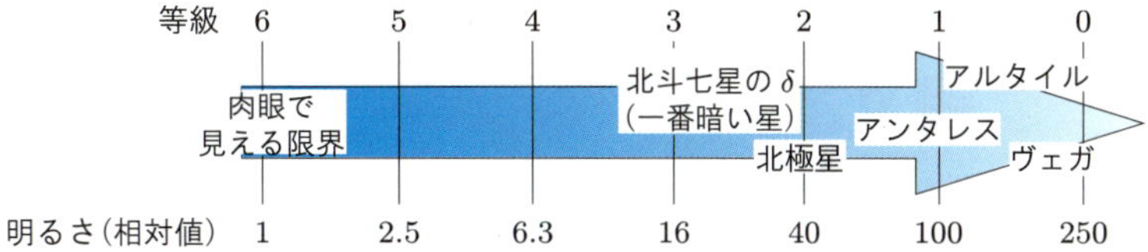

天　体	等　級	明るさ
金星（もっとも明るいとき）	-4.7	1.9×10^4
月（満月）	-12.7	3.0×10^7
太陽	-26.7	1.2×10^{13}

図 5.17　代表的な星の明るさと等級

ではここで，星の等級に関するいくつかの簡単な問題を解いてみましょう．

例題 5.20　1.0 等星は 2.5 等星の何倍明るいか．

解答　式 (5.57) を変形し，

$$\frac{I}{I_0} = 10^{(M_0 - M)/2.5} \tag{5.58}$$

です．

fx-JP500　10■ (2.5 − 1) ÷ 2.5 =

◆9　明るさを基準の 10 倍，100 倍，1,000 倍と増やしていくと，同じだけ増えたように感じるということです．

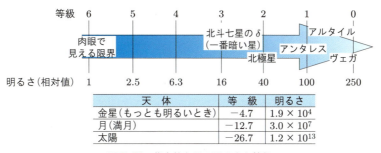

EL-509T　10^x (2.5 − 1) ÷ 2.5 =　答：3.981071706 倍

例題 5.21　同じ明るさで輝いていることがわかっている二つの銀河がある．地球からは，片方は 1.2 等，もう片方は 4.5 等に見える．4.5 等の銀河は，1.2 等の銀河に比べて，地球から何倍離れているか．なお，地球から見た明るさは，距離の 2 乗に反比例すると考えられる．

解答　まずは明るさの比率 $I_{1.2}/I_{4.5}$ を出します．

$$\frac{I_{1.2}}{I_{4.5}} = 10^{(4.5-1.2)/2.5} \tag{5.59}$$

fx-JP500　10^■ (4.5 − 1.2) ÷ 2.5 =
EL-509T　10^x (4.5 − 1.2) ÷ 2.5 =　答：20.89296131

続いて，距離の比率 $r_{4.5}/r_{1.2}$ と $I_{1.2}/I_{4.5}$ の関係は

$$\frac{r_{4.5}}{r_{1.2}} = \sqrt{\frac{I_{1.2}}{I_{4.5}}} \tag{5.60}$$

ですから，答の平方根をとり，距離の比率が出ます．

fx-JP500　√■ Ans =
EL-509T　√ =　答：4.570881896 倍

1900 年代の始め頃，天文学者ハッブルはこのような地道な計測を何百もの銀河について行い，遠い星ほど早く遠ざかっていることに気づきました．そしてこの観測結果は，宇宙が膨張していると考えないと説明できないことに気づきました．それまで，宇宙は無限の過去から変化していないものだと信じていた多くの科学者は，この仮説に仰天しました．あのアインシュタインも，ハッブルの発見までは「宇宙は変化しない」と信じていたわけですから．いまではさまざまな証拠から，宇宙が膨張していること，言い換えれば宇宙には始まりがあることは科学界の共通認識です．

5.8.2 ● pH（ピーエイチ）

pH（ピーエイチ）の正式な名称は**水素イオン濃度指数**です．これは，水溶液の水素イオン濃度を対数で表したものです．水は，不純物を含まない純粋な状態でもわずかに電離していて，H^+ イオン濃度と OH^- イオン濃度はそれぞれ 1.0×10^{-7} mol/L です．ここに，外部から H^+ イオンや OH^- イオンを加えても，H^+ と OH^- イオン濃度の積は一定に保たれるという性質があり，これを**電離平衡**とよびます．電離平衡を利用すれば，OH^- イオンが主に存在するアルカリ性の溶液でも，H^+ イオン濃度で水溶液の性質を表すことができます．

純粋な水のイオン濃度積から，以下の関係が成り立ちます．

$$[\mathrm{H^+}]\cdot[\mathrm{OH^-}]=1.0\times10^{-14}\,[\mathrm{mol^2/L^2}] \tag{5.61}$$

$[\mathrm{H^+}]$：水素イオン濃度 [mol/L]，$[\mathrm{OH^-}]$：水酸化物イオン濃度 [mol/L]

そこで，pH が下のように定義されました[11].

$$\mathrm{pH}=-\log\left([\mathrm{H^+}]\right) \tag{5.62}$$

図 5.18 に，身近な物質の pH を示しました．pH が対数なのは，われわれが目にする酸，アルカリ水溶液の水素イオン濃度のヴァリエーションが，実際に 14 桁もある（pH0〜14）からです．中性の水溶液の pH が 7 である理由はわかりますね？

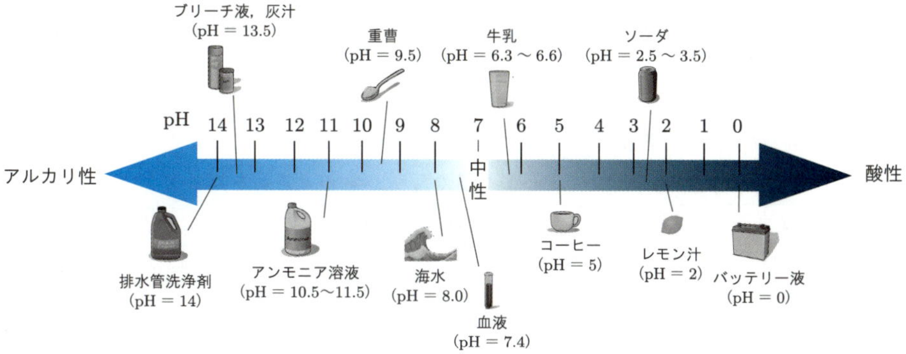

図 5.18 代表的な液体の pH (CC by OpenStax College)

本書では，pH の意味についての話はこれくらいにして，pH が対数スケールであることを忘れると陥りやすい間違いについて，確認しておきましょう．

例題 5.22 pH 3.0 の塩酸 100 ml と pH 5.0 の塩酸 100 ml を混ぜると，混合溶液の pH はいくつになるか．電離度は 1.0 と考えてよい．

解答 $(3.0+5.0)/2=4.0$ ではありません．ここは，正直に水素イオン濃度を計算してみましょう．

$$\mathrm{pH}\ 3.0 \quad\rightarrow\quad [\mathrm{H^+}]=1.0\times10^{-3}\ \mathrm{mol/L}$$

$$\mathrm{pH}\ 5.0 \quad\rightarrow\quad [\mathrm{H^+}]=1.0\times10^{-5}\ \mathrm{mol/L}$$

$$[\mathrm{H^+}]=\frac{1.0\times10^{-3}\times0.1+1.0\times10^{-5}\times0.1}{0.1+0.1} \tag{5.63}$$

fx-JP500　[分数] 1 [×10^x] [(−)] 3 [×] 0.1 [+] 1 [×10^x] [(−)] 5 [×] 0.1 [↓] 0.2 [=]

EL-509T　[a/b] 1 [Exp] [(−)] 3 [×] 0.1 [+] 1 [Exp] [(−)] 5 [×] 0.1 [↓] 0.2 [=] [CHANGE]

答：5.05×10^{-4} mol/L

pH は式 (5.62) から

共通 (−) log Ans =　　答：pH = 3.296708622

と出ます．

実は，上の問題は，pH 5.0 の溶液の代わりに純水を使っても，混合溶液の pH はほとんど同じです．なぜだかわかりますか？ また，$\log(2) = 0.301$ と，答の $3.296\cdots$ の関係について説明してみてください．

付け加えると，上の問題は $[\mathrm{H}^+]$ が 10^{-7} mol/L よりずっと多いため，式 (5.61) の電離平衡の影響を無視して考えています．溶液の pH が 7 に近いときには電離平衡の影響が強く出て，計算はもっと複雑になります．たとえば，pH = 2 の溶液を 100 倍に薄めれば pH = 4 といってもよいですが，pH = 6 の溶液を 100 倍に薄めても pH = 8 にはなりません．本格的な計算方法の解説は化学の教科書に譲りましょう．

5.8.3 ● 地震のマグニチュード

地震の規模を示すマグニチュードもよく聞く言葉ですが，これも対数スケールの一種です．地震のエネルギーとマグニチュードの関係は，以下のような定義になっています[12]．

$$\log E = 4.8 + 1.5M \tag{5.64}$$

E：地震のエネルギー [J]，M：マグニチュード

式 (5.64) から，マグニチュードの 2.0 の差が 1,000 倍のエネルギー比になることがわかります．1.0 の差は $10^{1.5} \approx 32$ 倍ですね．

地震のエネルギーも，やはり何桁もの範囲を扱う必要があるので対数スケールが使われるわけですが，それは，「地震の揺れは，震源から遠ざかると急激に弱くなる」性質によるものです．

地下深くで発生した地震は $M = 7.0$ でも強い揺れは感じませんが，浅いところで起こった地震はエネルギーが 1/1,000 の $M = 5.0$ でも強い揺れを感じます．どちらも防災上，地球物理学上重要な対象なので，対数スケールのほうが便利なわけです．

おもしろいのは，高速道路を走る自動車の運動エネルギー程度の大きさでも，マグニチュードを計算することができ，$M = 0.6$ 程度という値が得られることです．図 5.19 を見てくだ

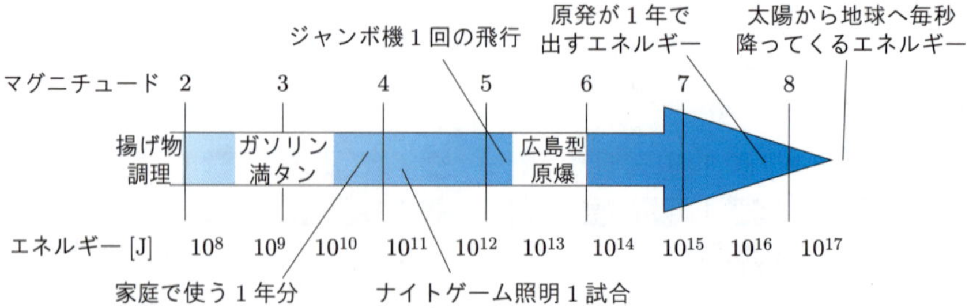

図 5.19　いろいろなエネルギーと，マグニチュードに換算した値

さい．$M = 4$ のエネルギーでも，意外に身近な存在でたとえられることがわかります．

例題として，以下の問題を考えましょう．

例題 5.23 核爆弾のエネルギーは，よく地震のエネルギーと比べられる．人類が作った最大の核爆弾のエネルギーは，TNT 火薬換算で 50 Mton である．この爆弾のエネルギーをマグニチュードに換算するとどれほどか．なお，TNT 火薬 1 kg のエネルギーは 4.2 MJ である．

解答 まず TNT 火薬 50 Mton のエネルギーを [J] に換算しましょう．50 Mton $= 50 \times 10^9$ kg です．

$$E = 50 \times 10^9 \times 4.2 \times 10^6 \tag{5.65}$$

fx-JP500　50 [×10^x] 9 [×] 4.2 [×10^x] 6 [=]

EL-509T　50 [Exp] 9 [×] 4.2 [Exp] 6 [=]　　答：2.1×10^{17} J

マグニチュードに換算するには，エネルギーの常用対数をとり，式 (5.64) を使います．

fx-JP500　[(] [log] [Ans] [)] [−] 4.8 [)] [÷] 1.5 [=]

EL-509T　[(] [log] [Ans] [−] 4.8 [)] [÷] 1.5 [=]　　答：$M = 8.348146196$

参考までに，阪神・淡路大震災のマグニチュードが 7.3，東日本大震災が 9.0 なので，これは相当大きなエネルギーであることがわかります．このように，核エネルギーは，それ以外のエネルギー源に比べて桁違いに大きいのが特徴です．福島第一原子力発電所の事故でもわかるように，われわれ人類が「核」を手懐けるのはまだ無理なのかもしれません．しかしそれでも，$M = 8.3$ 相当のエネルギーを地球へ降りそそぐ太陽エネルギーに換算すると，わずか 1 秒分にしかなりません（図 5.19）．太陽光の有効利用が叫ばれる理由はまさにここにあるのです．

章末問題

Q1. $\log_3(2)$ を計算せよ．

Q2. $\ln x = 1.5$ のとき，$\log x$ を計算せよ．計算方法は二つある．一つは $x = e^{1.5}$ を計算して常用対数をとる方法，もう一つは底の変換公式を使う方法である．両方を試し，答が一致することを確認せよ．

Q3. $\log_a b = 1/\log_b a$ を証明せよ．

Q4. いまから 100 年ほど前の貨幣価値は，100 円で家が買えるほどだという．いまなら 3,000 万円くらいだろうか．では，この間の物価上昇率を一定として，年あたり物価上昇率を計算せよ．物価上昇率の定義は，1 年で物価が 1.01 倍に上がったときを「1% の上昇」とする．

Q5. 年利 3.6% の複利で 100 万円を預けた．倍になるまでに何年かかるだろうか．また，「半年ごとに 1.8%」の複利の場合，倍になるまでの期間は年 3.6% に比べどれくらい短くなるか．

Q6. 例題 5.16 の「囲碁と将棋の勝負」に異議を唱えた人がいた．「将棋の複雑さは過小評価だ．次のように考えよ．将棋は，各局面でルール上許される指し手が平均 80 ほど存在する．決着が付くまでの平均手数は双方合計で約 115 なので，複雑さは 80^{115} 程度だ．」この考えに基づき将棋の複雑さを再評価せよ．

Q7. 普通に売られている窓ガラスの光の透過率は，厚さ 10 mm で 95% 程度である（端面の反射は含まない）．

(1) このガラスの減衰定数 $\alpha\,[\mathrm{m}^{-1}]$ を計算せよ．

(2) α を [dB/km] に換算せよ．

Q8. pH = 12.0 の NaOH 水溶液 100 mL と pH = 3.0 の HCl 水溶液 200 mL を混合した．混合溶液の pH を計算せよ．

HINT NaOH の $[\mathrm{OH}^-]$ と HCl の $[\mathrm{H}^+]$ が中和してなくなると考える．

Q9. 地球上のすべての発電所が送り出している電力は 1 TW（10^{12} W）程度である．マグニチュード 7.3 の地震のエネルギーをすべて有効に使えるとすると，地球上の発電所が作る全電力をどれくらいの時間まかなえるだろうか．

Q10. 質量 1,000 kg，速度 30 m/s で走る自動車の運動エネルギーを地震のマグニチュードに換算せよ．運動エネルギー K を求める公式は以下のとおりである．

$$K = \frac{1}{2}mv^2 \tag{5.66}$$

m：質量，　v：速度

章末問題解答

A1. 0.6309297536 | 0.630929753

fx-JP500　log■□ 3 → 2 =　別解：log 2) ÷ log 3 =

EL-509T　log$_a x$ 3 → 2 =　別解：log 2 ÷ log 3 =

A2. 0.6514417229 | 0.651441722

■ $x = e^{1.5}$ を計算して常用対数をとる方法

fx-JP500　$e^{■}$ 1.5 = log =

EL-509T　e^x 1.5 = log =

■ 底の変換公式を使う方法

fx-JP500　1.5 log $e^{■}$ 1 =

EL-509T　1.5 log e^x 1 =

NOTE $\ln x = \log x / \log e = 1.5 \quad \rightarrow \quad \log x = 1.5 \log e$

A3. $\log_a b = \log b / \log a = (\log a / \log b)^{-1} = (\log_b a)^{-1}$

A4. 13.4413065%

fx-JP500 100 [√□] 3000 [×10^x] 4 [÷] 100 [=] [−] 1 [=] [×] 100 [=]

EL-509T 100 [ⁿ√] 3000 [Exp] 4 [÷] 100 [=] [−] 1 [=] [×] 100 [=]

NOTE 桁数の多い計算は，「暗算できる」と思ってもしないのが賢明です．素直に，「3,000 万÷100」と入力してください．桁数の間違いを防ぐため，3,000 万は「$3{,}000 \times 10^4$」と入力します．

A5. 1 年複利：19.5986191 年，半年複利：19.42685991 年になるので，差は 0.1717591857 年

■ 1 年複利

fx-JP500 [log] 2 [)] [÷] [log] 1.036 [=]

EL-509T [log] 2 [÷] [log] 1.036 [=]

NOTE $1.036^x = 2$．両辺の常用対数をとり，$x \log(1.036) = \log 2$ を得ます．**別解**：任意の底の対数を使い，直接 $\log_{1.036}(2)$ とやっても同じ結果になります．

■ 半年複利

fx-JP500 [log] 2 [)] [÷] [log] 1.018 [=] [÷] 2 [=]

EL-509T [log] 2 [÷] [log] 1.018 [=] [÷] 2 [=]

NOTE 「年数」を求めるために 2 で割ります．ここで，1 年複利と半年複利の「2 倍になるまでの年数の差」を求めるには，メモリーを使うのが効率的です．詳しくは第 6 章で学びます．

A6. 10^{219} 程度

共通 115 [log] 80 [=] 答：218.8553485

NOTE $\log n_S = 115 \log(80)$．解は，n_S の桁数を表します．

A7. (1) $5.129329439\,\mathrm{m}^{-1}$

fx-JP500 [(−)] [ln] 0.95 [)] [÷] 0.01 [=]

EL-509T [(−)] [ln] 0.95 [÷] 0.01 [=]

NOTE $e^{-0.01\alpha} = 0.95$ から，$\alpha = -\ln(0.95)/0.01$.

(2) 22276.39471 dB/km

fx-JP500 [log] 0.95 [)] [×] 10 [×] 1 [×10^x] 5 [=]

EL-509T [log] 0.95 [×] 10 [×] 1 [Exp] 5 [=]

NOTE 10 mm あたりの減衰量を [dB] に換算し，それを 10^5 倍します．

A8. 11.42596873

fx-JP500 [□/□] [(−)] 1 [×10^x] [(−)] 2 [×] 0.1 [+] 1 [×10^x] [(−)] 3 [×] 0.2 [↓] 0.1 [+] 0.2 [=]

EL-509T [a/b] [(−)] 1 [Exp] [(−)] 2 [×] 0.1 [+] 1 [Exp] [(−)] 3 [×] 0.2 [↓] 0.1 [+] 0.2 [=] [CHANGE] 答：$-2.666666667 \times 10^{-3}$ mol/L

fx-JP500　1 [×10^x] [(−)] 14 [÷] [(−)] [Ans] [=] [(−)] [log] [Ans] [=]

EL-509T　1 [Exp] [(−)] 14 [÷] [(−)] [Ans] [=] [(−)] [log] [Ans] [=]

NOTE　$[H^+]$ を正，$[OH^-]$ を負として濃度を計算し，それを pH に換算します．このとき，解が正なら酸性，負ならアルカリ性で，解が負のときは電離平衡を考えて，$[OH^-]$ を $[H^+]$ に換算します．

A9.　5623.413252 s（約 1 時間半）

fx-JP500　[10^■] 4.8 [+] 1.5 [×] 7.3 [=] [÷] 1 [×10^x] 12 [=]

EL-509T　[10^x] 4.8 [+] 1.5 [×] 7.3 [=] [÷] 1 [Exp] 12 [=]

NOTE　式 (5.64) から $E = 10^{4.8+1.5M}$．$M = 7.3$ のエネルギーを [J] に換算し，10^{12} で割ります．

A10.　0.5688083425 | 0.568808342

共通　0.5 [×] 1000 [×] 30 [x^2] [=]　　答：450000 J

fx-JP500　[(] [log] [Ans] [)] [−] 4.8 [)] [÷] 1.5 [=]

EL-509T　[(] [log] [Ans] [−] 4.8 [)] [÷] 1.5 [=]

NOTE　式 (5.64) から，$M = (\log E - 4.8)/1.5$．

Column　抵抗器のカラーコードと対数

最近は，秋葉原の部品屋さんで抵抗やトランジスタを買ってきて電子回路を組む人は少数派かもしれません．しかし私の研究室では，いまでもはんだごての工作は必須の技術です．

さて，代表的な抵抗器の写真を図 5.20 に示します．抵抗値は数字ではなく，カラーの帯で表されています．これは，どの方向に取り付けられていても抵抗値が読みとれる工夫です．色と数字の対応については他書を当たっていただくとして，ここでは市販されている抵抗器の抵抗値を話題に取り上げましょう．

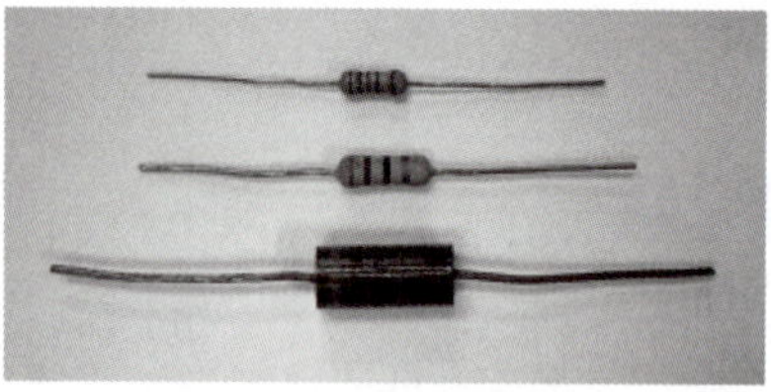

図 5.20　抵抗値がカラーコードで表示された抵抗器

電子回路を組むとき，回路に必要な抵抗値はさまざまです．一方，市販の抵抗器は，ある規則によって決められた，とびとびの値のものしかありません．代表的な **E6 系列**とよばれるものは，

$$1.0\,\Omega, 1.5\,\Omega, 2.2\,\Omega, 3.3\,\Omega, 4.7\,\Omega, 6.8\,\Omega, 10\,\Omega, 15\,\Omega, \ldots$$

という順番になっています．なぜこんなに中途半端な値なのでしょうか．ここで，$10^{n/6}$ を $n = 0$ から $n = 5$ まで計算してみてください．

$$10^{0/6} = 1.0, \quad 10^{1/6} = 1.467\cdots,$$
$$10^{2/6} = 2.154\cdots, \quad 10^{3/6} = 3.162\cdots,$$
$$10^{4/6} = 4.641\cdots, \quad 10^{5/6} = 6.812\cdots$$

上の抵抗値が出てきました（若干の誤差はありますが）◆10．逆に 1.467，2.154, ⋯ の対数をとると，答は 1/6, 2/6, ... のように 1/6 の倍数になり，図 5.21 のように対数軸では抵抗値が等間隔に並びます．

つまり，電気抵抗のように，何桁にもわたる値の素子を作って供給しなければならないとき，誰の要求にもそれなりに応えるためには，対数軸上で等間隔の素子を作ればよい，ということなのです．たいていの電子回路はどこかに

◆10　$10^{3/6} = 3.162\cdots$ と 3.3 が随分合わないようですが，これは組み合わせて使うときの便宜を考え，値をずらしたためです．

調整機構があるので，素子の値が正確に欲しい値と一致しなくても支障はありません．

抵抗値の規格には，もう一つおもしろい話があります．E6 系列の抵抗には，規格上 ±20% の誤差が認められています．ここで，10×1.2 と 15×0.8 を計算してみましょう．同じ値になりますね．つまり，E6 系列の許容誤差は，どんな適当な作り方をしてもどれかの抵抗値に当てはまり，不良品は原理的に発生しない，ということなのです．もっとも現在の日本では，E6 系列といえども，許容誤差を大幅に下回る正確な値をもつ抵抗器しか売っていませんが．

1 から 10 までを 12 段階に区切った E12 系列，24 段階に区切った E24 系列，というのもあります．それぞれの系列で，1.0 Ω の次は何 Ω になるか，順番に計算してみてください．

答：E12 系列：1.2Ω, 1.5Ω, 1.8Ω, . . .
　　E24 系列：1.1Ω, 1.2Ω, 1.3Ω, . . .

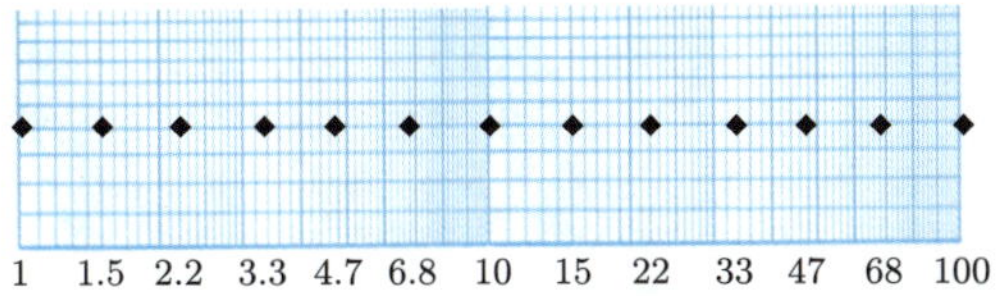

図 5.21　E6 系列の抵抗値を対数グラフ上に示す

Column　音階と対数

図 5.22 はピアノの鍵盤です．1 オクターブの間には，両端を入れると 12 のキーがあります．低いほうのド (C) と高いほうのド (C) の周波数の比率は 2 倍，さらに一つ上のド (C) はさらに倍の周波数になります．**音階**とは，隣り合うドの間，2 倍の周波数間隔を 12 等分したものといえるでしょう．

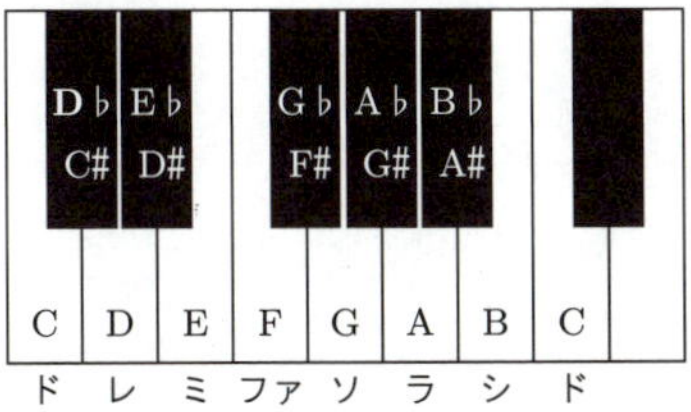

図 5.22　ピアノの鍵盤と音名

人間の聴覚には，周波数がたとえば 3 : 2, 5 : 3 などの単純な整数比になる二つの音が重なるとき，それを「心地よい」と感じる特性があります．これが**和音**です．そこで，1 オクターブの間を決められたいくつかの位置で等間隔に分割し，なるべく多くの和音ができるように工夫したのが「音階」の始まりです．

さて，低いほうのドの周波数を 1 として，2 までの間をどのように割っていったらよいでしょうか．詳しい理論と誕生の経緯は省きますが，かつて主流だった代表的な音階を**表 5.4** に示します．半音の扱いもまた面倒なので，長調の「ドレミファソラシド」だけを示しました[13]．

表 5.4　古典音楽の音階の例

	ピタゴラス音階	純正律
ド	1	1
レ	9/8	9/8
ミ	81/64	5/4
ファ	4/3	4/3
ソ	3/2	3/2
ラ	27/16	5/3
シ	243/128	15/8
ド	2	2

非常に複雑な組み合わせです．なぜ，こんなに複雑なのでしょうか．それは，音階でいうところの「等間隔」とは，隣どうしの周波数の「差」でなく「比率」が等しいことだからです．

ここまで本書を読んだ皆さんなら，こんな場合どうすればよいかおわかりですね．本来，音階を等間隔に割るには対数目盛りが必要で，隣り合う半音どうしの周波数比を $2^{1/12}$ にしなくてはなりません．このように，音階を対数目盛りにする調律を「平均律」といいますが，音楽家たちがそれに気づいたのは対数の登場より 100 年以上早かったというのだから驚きです．

しかし，平均律にも一つ大きな欠点があります．それは，どの二つの音をとっても，その比率が整数比になることは決してない，ということです（1 オクターブ離れた 2 音は除く）．それは，$2^{1/12}$ が $\sqrt{2}$ と同じ無理数であり，既約分数で表現できないことから容易に証明されます．したがって，現在主流の平均律は，完全な和音を奏でることができない「妥協の音階」ともいわれています[14]．

そのため，響きが美しい純正律は，いまでもクラシック音楽を中心に愛好されています．なかには，平均律で調律された音楽を聴くと，「気持ち悪い」と思うプロの演奏家もいるそうです．誤差の大きな「長三度」で比較してみましょう．「ド」に対する「ミ」の周波数比は

純正律：1.25
平均律：$2^{4/12} = 1.25992105$

で，その差はわずか 0.79% です．しかし，注意深く聴くと，この差は素人にもわかるのだそうです．近くにピアノがあったら試してみてください．「ド」と「ミ」を同時に弾いて，その和音に「濁り」が感じられたら，なかなかの音感といえるでしょう．

Chapter 06
繰り返しとメモリー

関数電卓の計算でとても多いのが，直前の答を再利用したり，何度も利用したりする計算です．これをノートにメモしていちいち入力するのは面倒で，しかも間違いのもとにもなります．本章では，計算結果や計算手順を記憶，再利用するさまざまな方法について解説していきます．このテクニックを知っているのと知らないのとでは，計算のスピードが何倍も違います．実際に，「物理実験」を指導していると，計算結果の再利用を知らないばかりに，大変無駄な時間を費やしている学生をよく見かけます．本書で腕を磨いて，同級生に差をつけませんか？

また，本章から先の内容は，操作方法が複雑で，かつ機種ごとに異なることが多いのも特徴です．意識せずに入力できるようになるまで，繰り返し練習して自らの愛機に親しんでください．

6.1 ••• 定数計算

いまから 20 年ほど前の関数電卓は，ドットマトリクスの数式表示部がなく，一般の電卓のように解のみしか表示する機能がありませんでした．このような関数電卓を私は「標準電卓」タイプとよんでいます．「標準電卓」に特有の機能が，本節で取り上げる**定数計算**機能です．たとえば，以下のような計算を考えます．

$$12345 \times 67890 \times 0.01 \tag{6.1}$$

「標準電卓」でも，操作は「自然表示」タイプと同じです．

標準電卓 12345 × 67890 × 0.01 = 答：8381020.5

「標準電卓」には，ここで解確定状態からいきなり数値キーを打つと，計算が最後の演算子まで戻る，という機能があります．すなわち，そこまでの計算結果を定数として，次々と異なる数を掛けた結果を得ることができるわけです．

標準電卓 0.001 = 答：838102.05

標準電卓 1 Exp (−) 5 = 答：8381.0205

定数計算機能を電卓の内部処理の立場から見ると，これは，= キーを押した直後に数値キーが押されたとき，最後に + − × ÷ が押された状態まで計算が戻る，という動作にほかなりません．この機能は，もともとは普通の電卓に備わっていた機能で，出始めの頃の関数電卓にも受け継がれた，というのが歴史的経緯です．

一方，現在主流の，数式が表示できるタイプの関数電卓の多くは，解確定状態から数値を打ち込むと「新しい計算が始まった」と解釈し，それまでの数式を破棄します．しかし，SHARP の関数電卓は，伝統的に「標準電卓」との後方互換を重視していて，上記のような操作で定数計算ができるようになっています．式 (6.1) を計算してみましょう．

EL-509T　12345 × 67890 × 0.01 =　答：8381020.5

ここで 0.001 = と打つと，画面は「K × 0.001 =」となります（図 6.1）．この K には前の計算の，最後の × までの答「838102050」が入っています．このように，EL-509T は，[数値] = という操作で定数計算モードのスイッチが入ります．そしてそれ以外の操作を行うと，定数計算モードが解除されます．関数キーも使えませんので，あまり複雑な計算はできません．

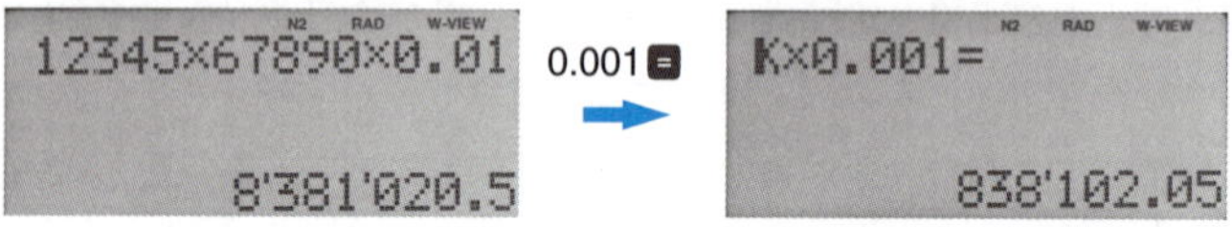

図 6.1　EL-509T の定数計算機能

しかし，EL-509T のような「自然表示」世代の電卓には，複数のメモリー，ラストアンサー，CALC 機能など，この後で説明する便利な機能がいくつもあります．あえて定数計算機能を使う必要はないでしょう．

6.2 ・・・ 計算結果の再利用

解確定状態から，いきなり + − × ÷ などの演算記号のキーを押してみます．すると，表示が「Ans+」のようになります．Ans とは「ラストアンサー」のことで，直前に確定した解の数値が入っています．この機能は，直前の計算の答から計算を続けたいときには便利に使えます．これを**計算結果の再利用**とよびます．

具体例を示します．

共通　30 × 2 =　答：60

共通　× 2 =　答：120

計算結果の再利用は，四則演算だけでなく関数にも有効です．

共通　[deg] 30 × 2 =　答：60

共通　cos =　答：0.5

関数の場合には，引数に Ans が代入されます．ただし，ここで紹介した cos = と入力する方法は，「数式通り」電卓の基本的思想である「入力は数式通りに行う」という原則からは外れたものです．したがって，この機能を理解したうえで裏技的に使うのはかまいませんが，慣れないうちはきちんとラストアンサーキーを使ったほうがよいでしょう．次節で詳しく説明します．

6.3 ••• ラストアンサー

「数式通り」世代以降の関数電卓で標準装備となった**ラストアンサー**は，大変便利な機能です．これさえあれば，ほとんどの計算でメモリーを使う必要はない，といってよいほどです．実際，本書でも，第 5 章までの多くの計算で，詳しい説明抜きでラストアンサーの機能を使ってきました．それほど，この機能は関数電卓を使ううえで必要不可欠なものです．言い換えれば，ラストアンサーを使いこなすことで，関数電卓を使いこなすことができるようになった，といってよいかもしれません．

ラストアンサーキー [Ans] の場所は，fx-JP500 はイコールキーの左，EL-509T はイコールキーの裏です（図 6.2）．EL-509T は，ラストアンサーを表す記号「ANS」が青い文字で書かれていることに注意してください．これは，裏といっても [2ndF] でなく，[ALPHA] キーと組み合わせて呼び出すことを意味します．

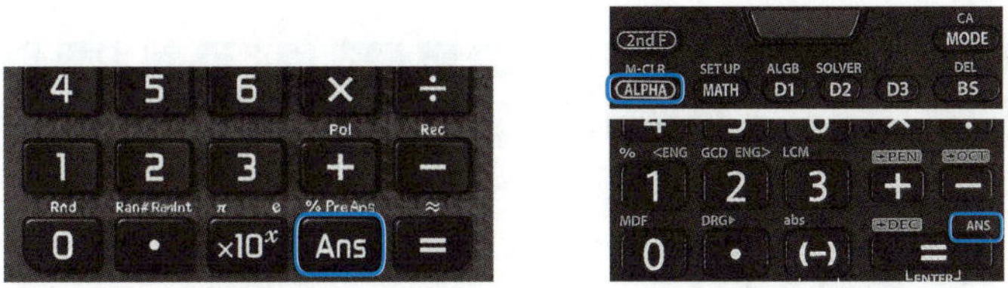

fx-JP500　　　EL-509T

図 6.2　ラストアンサーキー [Ans]

ラストアンサーキーは，**ラストアンサーメモリー**の内容を数式で利用するキーです．ラストアンサーメモリーは，イコールキーが押されるたびに，計算結果が自動的に保存されるメモリーです．

例題 6.1　古来，22/7 は円周率のよい近似であることが知られている．

(1) 22/7 を小数で表せ．　**(2)** 22/7 の，π に対する相対誤差を求めよ．

解答

(1) 共通　22 [÷] 7 [=]　　答：3.142857143

(2) **相対誤差**の定義は以下のようなものです．

$$\text{相対誤差} = \frac{\text{近似値} - \text{真値}}{\text{真値}} \times 100\,[\%] \tag{6.2}$$

いまの計算では，近似値が [Ans]，真値が [π] です．

fx-JP500　[▭] [Ans] [−] [π] [↓] [π] [→] [×] 100 [=]

EL-509T　a/b Ans − π ↓ π → × 100 =

答：0.04024994348 | 0.040249943

誤差は，わずか 0.04% とわかります．

ラストアンサー機能があるととても助かるのは，以下のような計算です．

例題 6.2　図 6.3 のように三角形の 3 辺の長さ a，b，c がわかっているとき，面積 S は以下の**ヘロンの公式**で計算できる．

$$S = \sqrt{s\,(s-a)\,(s-b)\,(s-c)} \tag{6.3}$$

$$\text{ただし，}\ s = \frac{1}{2}\,(a+b+c) \tag{6.4}$$

$a=2$，$b=3$，$c=4$ のとき，三角形の面積を求めよ．

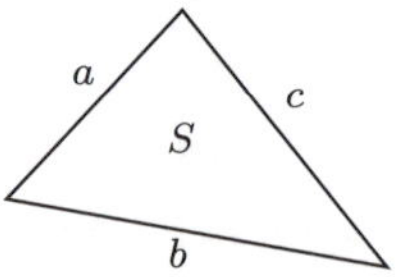

図 6.3　3 辺の長さがわかっている三角形と，その面積 S

解答

共通　(2 + 3 + 4) ÷ 2 =　　答：4.5

fx-JP500　√■ Ans (Ans − 2) (Ans − 3) (Ans − 4) =

EL-509T　√ Ans (Ans − 2) (Ans − 3) (Ans − 4) =

答：2.90473751

6.4 ・・・ 数値メモリー

現代の関数電卓には，計算結果などの数値を格納する複数の**メモリー**が用意されています．歴史的な経緯から，メモリーには A，B，C，D，E，F，M，X，Y という名前がついています．

メモリーキーはファンクションエリア，関数キーの裏にあります．ただし，SHIFT 2ndF ではなく，ALPHA キーと組み合わせます（図 6.4）．

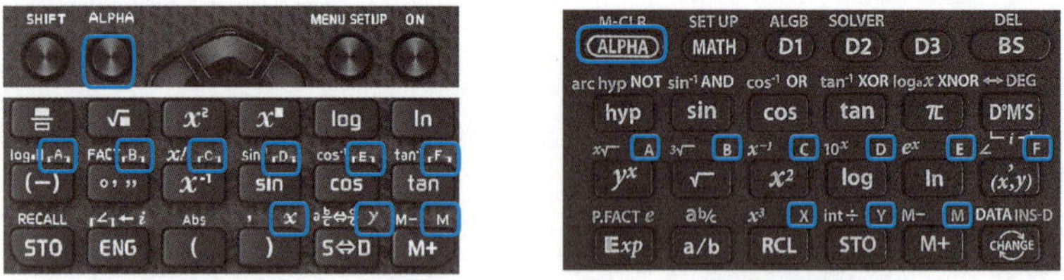

fx-JP500　　EL-509T

図 6.4　メモリーキー A B C D E F M X Y

メモリー M は「標準電卓」時代からついていたものの名残で，あとで説明するように，ほかのメモリーとは若干異なる機能が割り当てられています．また，メモリー X，Y は，第 8 章で解説する「座標変換」の結果が自動的に格納されます．

6.4.1 ● メモリークリア，一覧表示

メモリークリアの操作を以下に示します．キー RESET M-CLR は図 6.5 のように，どちらも裏にあります．

■ メモリークリア

fx-JP500　RESET 2 =

EL-509T　M-CLR 1 0

fx-JP500

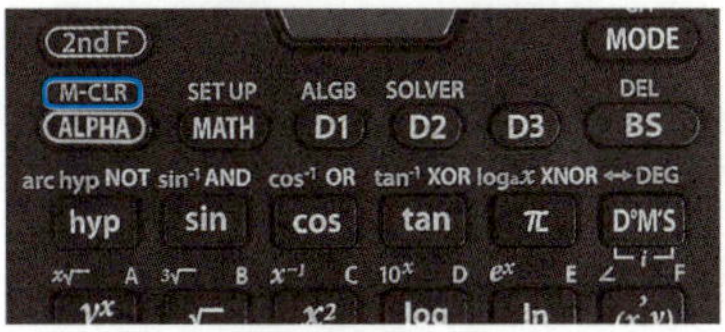

EL-509T

図 6.5　メモリークリアキー RESET M-CLR

ただし，実用的には，この操作が必要になる計算はほとんどありません．メモリーを使った計算は，まず値を代入，それから利用する，という手順を踏むためです．

次に，メモリーに書き込まれている数値を**一覧表示**する操作を示します．キー操作は，図 6.6 のように，fx-JP500 は裏機能，EL-509T は ALPHA キーを押してよびます．キーの刻印は RECALL メモリー です．操作の結果，図 6.7 のようにすべてのメモリーの内容が一覧で表示されます．fx-JP500 は表示モードが小数表示モードでも，一覧表示は根号，分数で表されます．

■ メモリーの一覧表示

fx-JP500　RECALL

EL-509T　メモリー

ただし，これも，本書で学ぶ範囲の計算では，あまり役立つ機能ではありません．どの変数に何を入れたか忘れてしまうような複雑な計算は，関数電卓よりも，パソコンの適切なアプリケーションソフトを使って行うべきでしょう．

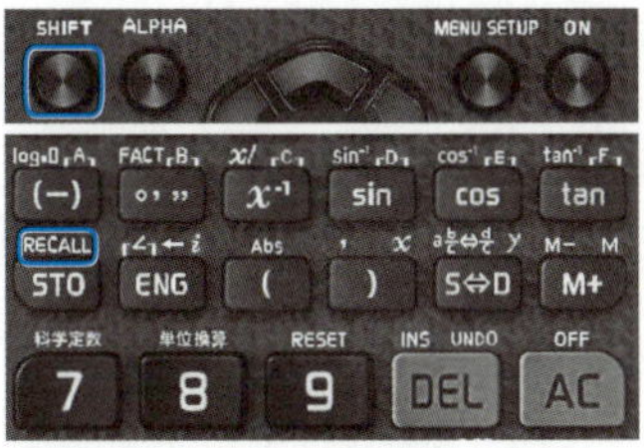

fx-JP500

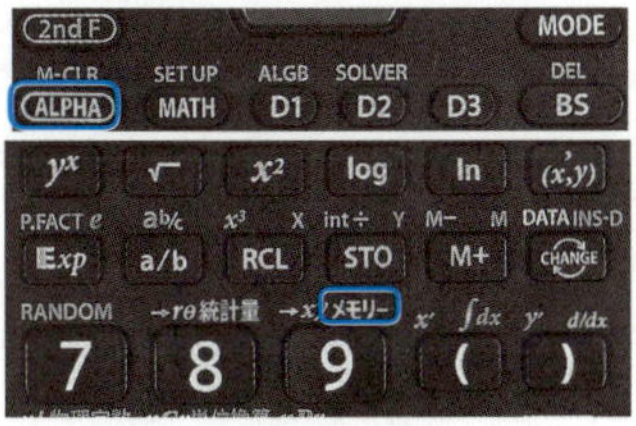

EL-509T

図 6.6　メモリー内容の一覧表示キー RECALL メモリー

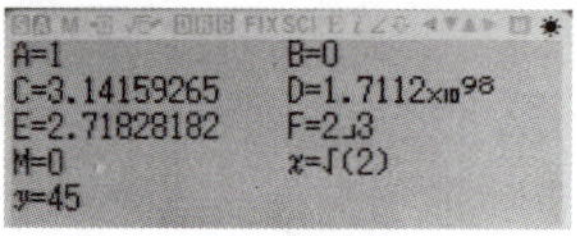

fx-JP500

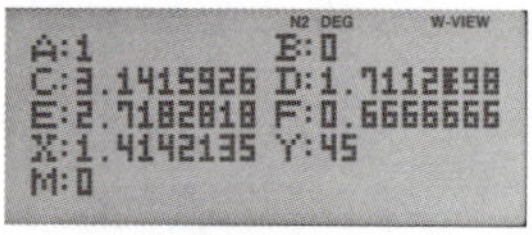

EL-509T

図 6.7　メモリー内容の一覧表示

6.4.2 ● 値の代入と呼び出し

メモリーへの値の**代入**には STO，値の**呼び出し**には RECALL RCL を使います（図 6.8）.

fx-JP500

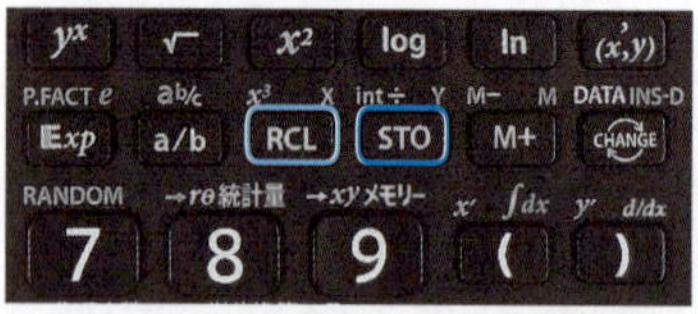

EL-509T

図 6.8　STO キーと RECALL RCL キー.
fx-JP500 は，RECALL が STO の裏にあるので注意.

メモリーに特定の数値を入れるのは，数値を入力し，その後，たとえば STO A と入力します．メモリー名は ALPHA キーと同じ色で書かれていますが，**メモリーに値を代入する際には ALPHA を押す必要はない**，という点に注意します.

数式の計算結果をメモリーに代入したい場合は，イコールキーを使いません．= の代わりに STO A と入力します．すると，計算結果がメモリー A に代入されます.

共通　1 + 1 STO A　　答：2（メモリー A に代入される）

単純にあるメモリーの内容を知りたい場合は，EL-509T なら，クリア状態から，たとえば RCL A と操作します.

EL-509T　RCL A

すると，図 6.9 のようにメモリーの内容が表示されます．fx-JP500 には対応する機能はなく，RECALL キーを押すとすべてのメモリーの内容が一覧表示されます.

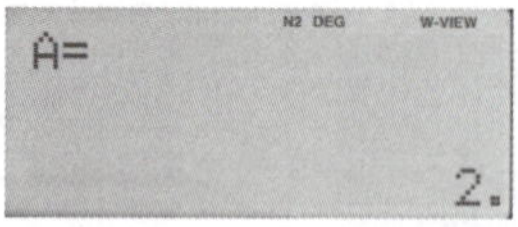

図 6.9　EL-509T は RCL ［メモリー名］で個々のメモリーの内容が表示される.

6.4.3 ● メモリーを使った計算

数式中では，メモリーは文字変数のように取り扱います．まずはもっとも簡単な例から行きましょう.

共通　1 [STO] [A]　答：1

fx-JP500　[RECALL] [A] [+] [RECALL] [A] [=]
EL-509T　[RCL] [A] [+] [RCL] [A] [=]　答：2

共通　[ALPHA] [A] [+] [ALPHA] [A] [=]　答：2

数式でメモリー A を使うには，[RECALL] [RCL] [A] と操作する方法，[ALPHA] [A] と操作する方法があります．これらは，歴史的経緯で，同じような意味をもつ 2 種類の操作が生き残ってしまったのですが，かつて販売されていた関数電卓では，これらの操作はまったく同じ結果にはなりませんでした．私の前著や Web サイトでの啓蒙活動のおかげがあったのかはわかりませんが，現在の最新機種，fx-JP500 と EL-509T は，どちらも [RECALL] [RCL] キーと [ALPHA] キーは同じ意味をもつようになりました．したがって，上記の操作はどちらも有効です．ただし，fx-JP500 は，[RECALL] キーが [STO] キーの裏にあるので，操作は [ALPHA] [A] のほうが合理的です．

例として，例題 6.2 を，メモリーを使い行ってみます．以降は，数式中でメモリー A を使う操作 [ALPHA] [A] を，単に [A] と書きます．

例題 6.3　$a = 2$，$b = 3$，$c = 4$ の三角形（図 6.3）の面積を，ヘロンの公式を用いて求めよ．

解答

共通　[(] 2 [+] 3 [+] 4 [)] [÷] 2 [STO] [A]　答：4.5

fx-JP500　[√■] [A] [(] [A] [−] 2 [)] [(] [A] [−] 3 [)] [(] [A] [−] 4 [)] [=]
EL-509T　[√] [A] [(] [A] [−] 2 [)] [(] [A] [−] 3 [)] [(] [A] [−] 4 [)] [=]
答：2.90473751

次に，複数のメモリーを使う例を考えます．

例題 6.4　図 6.10 のような，長さ L の直線電流が距離 R 離れた点 P に作る磁場は，以下の式で与えられる．ただし $x = L/2$ とする．

$$B = 2 \times 10^{-7} \frac{I \cos\theta}{R} \tag{6.5}$$

$$\cos\theta = \frac{x}{\sqrt{x^2 + R^2}} \tag{6.6}$$

B：P 点の磁束密度 [T]，　R：電流と P 点の距離 [m]，
L：電流の長さ [m]

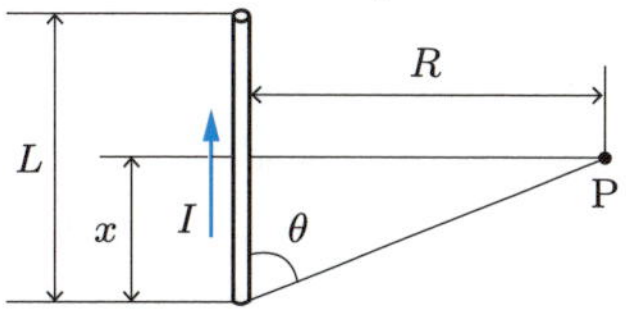

図 6.10　長さ L の直線電流と，電流から距離 R 離れた点 P．

電流 I を 200 A，L を 25.4 cm，R を 50 cm としたとき，P 点の磁束密度を計算せよ．

解答

■ Step 1　$x = (L/2)$ を計算，メモリー A に代入

共通　0.254 [÷] 2 [STO] [A]　　答：0.127 m

NOTE　[cm]→[m] の変換を忘れずに.

■ Step 2　$\cos\theta$ を計算，メモリー B に代入

fx-JP500　[分数] [A] [↓] [√■] [A] [x^2] [+] 0.5 [x^2] [STO] [B]

EL-509T　[a/b] [A] [↓] [√] [A] [x^2] [+] 0.5 [x^2] [STO] [B]

答：0.2461827507 | 0.24618275

■ Step 3　式 (6.5) を用いて磁場を計算

fx-JP500　2 [×10^x] [(−)] 7 [×] 200 [B] [÷] 0.5 [=]

EL-509T　2 [Exp] [(−)] 7 [×] 200 [B] [÷] 0.5 [=]　　答：$1.969462006 \times 10^{-5}$ T

このように，複数のメモリーを使えば，途中で出てくる x や $\cos\theta$ などの物理量をそれぞれ別の変数にしまっておいて，必要なら再利用することもできます．たとえば，$\cos\theta$ を利用して θ を計算してみましょう．

共通　deg　[cos⁻¹] [B] [=]　　答：75.74825861°

今回はわざわざメモリーを二つも使うまでもない簡単な例ですが，章末問題にはもっと複雑な例を掲げておきました．

6.5 ･･･ M+ キーの使い方は？

日本メーカーの関数電卓には，必ず [M+] キーが装備されています（図 6.11）．これは [=] キーの代わりに使い，「計算を確定し，答をメモリー M に加える」という機能をもっています．しかしながら，Texas Instruments や Hewlett Packard など，アメリカのメーカー製の関数電卓にはこのようなキーはありません．私は，[M+] キーは，関数電卓の「盲腸」だと思っています．

日本の関数電卓の歴史は，「答え一発」に代表されるような普通の電卓から発展して，その上位機種という位置づけで始まりました．まず関数電卓が生まれたアメリカとは逆の歴史をたどっています．普通の電卓において，集計計算は主要な使用目的の一つなので，[M+] キー

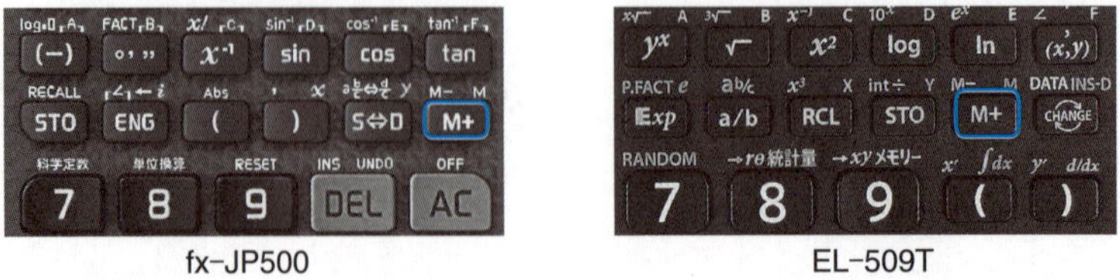

図 6.11　[M+] キー

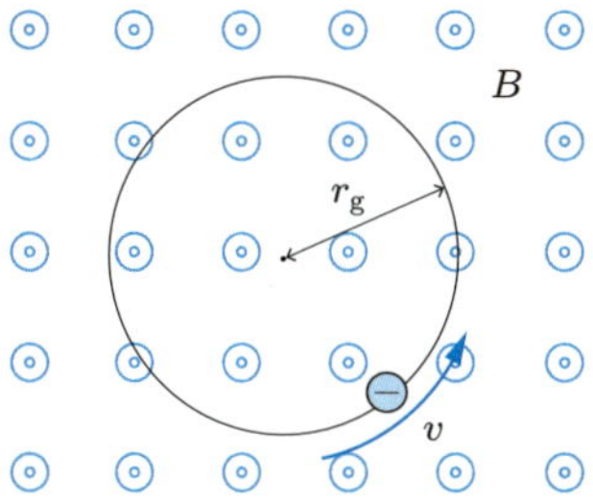

図 6.12　電子のサイクロトロン運動

の存在価値はわかるわけですが，どういうわけか科学技術計算を主たる目的とするはずの関数電卓にも，その伝統が受け継がれてしまったようです．せっかく付いているものですから，ここは一つ，関数電卓を使うシチュエーションで M+ をどう使うか考えてみましょう．

一定磁場中に，磁場に垂直な初速度で電子を打ち出すと，図 6.12 のように電子は円運動を行います．これを**サイクロトロン運動**とよびますが，サイクロトロン運動の半径 r_g と磁束密度 B，運動速度 v には以下の関係があります．

$$r_g = \frac{mv}{eB} \tag{6.7}$$

r_g：サイクロトロン半径 [m]，　m：電子の質量 [kg]，　v：電子の速さ [m/s]，

e：電子の電荷量 [C]，　B：磁束密度 [T]

表 6.1 は，電子の比電荷 (e/m) を測定する実験において，電子の速度を一定として，磁束密度 B とサイクロトロン半径 r_g の関係を測定した結果です．

表 6.1　磁束密度 B と電子のサイクロトロン半径 r_g の関係

B [10^{-4}T]	r_g [cm]	$(r_g B)$ [10^{-6}T·m]
9.7	5.2	
11.2	4.5	
12.8	3.8	
14.4	3.3	
15.9	3.0	

式 (6.7) から，電子の速度が一定なら，サイクロトロン半径と磁束密度は反比例の関係にあります．したがって，上の表の $(r_g B)$ は，すべての行で同じ値となるはずです．もちろん，計測には誤差がつきものです．そこで，すべてのデータで $(r_g B)$ を計算し，その平均をとることにします．

例題 6.5　表 6.1 において，すべてのデータで $(r_g B)$ を計算し，平均をとれ．

解答

■ Step 1　メモリー M のクリア

共通　0 STO M

NOTE　メモリーにゼロを代入することは，特定のメモリーのみのクリアと同じ意味をもちます．

■ Step 2　メモリー M に $r_g B$ を足していく

共通　9.7 × 5.2 M+

11.2 × 4.5 M+

⋮（以下略）

Step 2 の計算で，表 6.1 の各行における $(r_g B)$ の値が解として表示されることに気づきましたか？「これを表 6.1 の一番右の欄に書き込んでいきましょう，合計は自動的に計算されます」というのが M+ キーの標準的な利用目的です．最後に平均をとれば目的達成です．

■ Step 3　平均をとる

共通　M ÷ 5 =　　答：48.94 [$\times 10^{-6}$ T·m]

しかし，これくらいの量のデータがあり，表計算ソフトを利用することが可能なら，それを使うべきです．私も，電卓で上の計算をやってみましたが，何回かは間違えました．本来，集計作業は電卓の得意種目ではありません．各種試験や学生実験など，それしか使えない環境のときにだけ，集計作業に電卓を使ってください．

ちなみに，表 6.1 の計測は，大学 1 年次の学生実験で実際に行われたものですが，大学では上の計算で M+ を使うようには指導していません．間違える可能性が高いからです．むしろ，各行の $(r_g B)$ を計算，表 6.1 に書き出してから一番右の欄を縦に足していく，という方法をとらせます．

大学も，いわゆる「物理実験」などの教科で，必要なら表計算ソフトの使用法をどんどん教えるべきでしょう．そうしないと実社会から遅れてしまいますから．本書の冒頭でも述べましたが，関数電卓の役割は，パソコンの普及とともに明らかに変わりました．

6.6 ··· 数式プレイバックと数式の編集

数式プレイバック機能は，直前に行われた計算を呼び出してもう一度使える機能です．これも，ラストアンサーと同様に，使いこなすことで計算の能率が飛躍的に向上する，関数電卓使いこなしのキモとなるテクニックです．以下の計算を考えましょう．

例題 6.6　図 6.13 の RC 直列回路において，コンデンサーのインピーダンス Z_C の絶対値は，コンデンサー両端の電位差 V_C の計測値と抵抗値 R から，

$$|Z_C| = \frac{R}{\sqrt{\left(\frac{V_0}{V_C}\right)^2 - 1}} \tag{6.8}$$

と表される．では，**表** 6.2 の各周波数 f について，計測された V_C から $|Z_C|$ を求めよ．$V_0 = 10.0\,\mathrm{V}$，$R = 10.0\,\mathrm{k\Omega}$ とする．

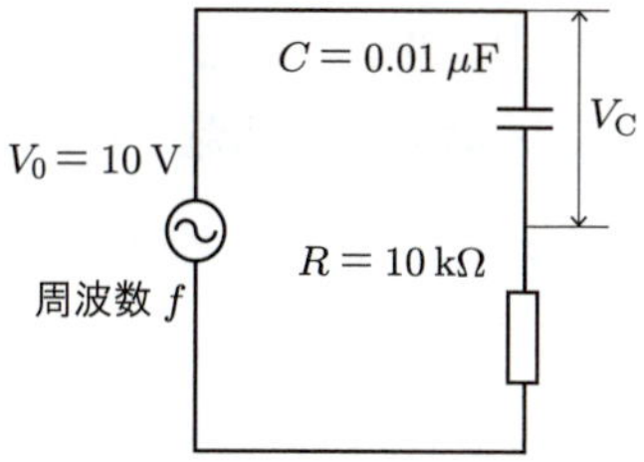

図 6.13　RC 直列回路を交流電源で駆動する．

表 6.2　電源の周波数とコンデンサー両端の電圧 V_C の関係

f [Hz]	V_C [V]	$\|Z_C\|$ [Ω]
200	9.9	
500	9.5	
1 k	8.4	
2 k	6.3	
5 k	3.0	

解答　まず 200 Hz について式 (6.8) を計算します．

fx-JP500　[▭] 1 [×10^x] 4 [↓] [√▭] [▭] 10 [↓] 9.9 [→] [x^2] [−] 1 [=]

EL-509T　[a/b] 1 [Exp] 4 [↓] [√] [a/b] 10 [↓] 9.9 [→] [x^2] [−] 1 [=]

答：70179.2393 Ω

次に，[←] キーで数式を編集可能な状態にします．表示の一部が点滅し，カーソル

fx-JP500: |

EL-509T: ◀

が現れます．カーソル位置の前の文字は，[DEL] [BS] を押すと消去され，数値キーを押せばそこに新たな値が挿入されます．いまは，「9.9」を「9.5」に変更し，再び [=] キーを押します（図 6.14）．

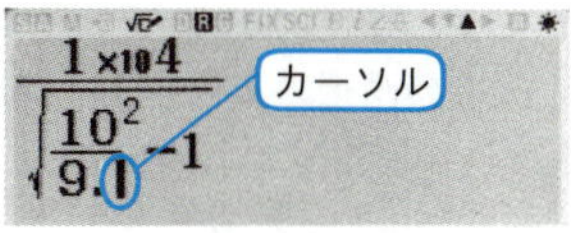

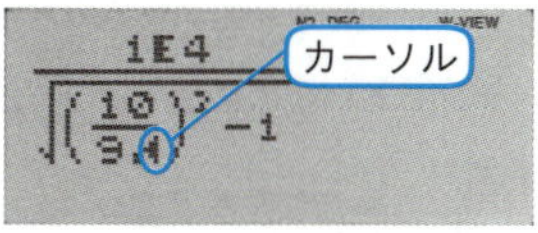

図 6.14　数式プレイバック機能を使い，インピーダンスを次々と計算していく．9.9 の 9 を消去した状態．

fx-JP500 ← (9 回) DEL 5 =
EL-509T ← (8 回) BS 5 =　　　　答：30424.34922 Ω

以下同様に，$V_{\rm C}$ を変更して次々に解を計算します．

パソコンのワープロソフトなどは**挿入モード**と**上書きモード**があり，上書きモードでは入力すると元の文字が上書きされます．「数式通り」世代の関数電卓にはこの機能がありましたが，「自然表示」の関数電卓に上書きモードはありません．したがって，どんな場合でも DEL BS キーで消去，その後新しい値を入力します．

fx-JP500 には INS キーがありますが，これには独特の機能が割り当てられています．「自然表示」の関数電卓は，ルートや分数などの領域型関数は，まず始めに関数キーを押し，その後ブロックの中に入るという動作です．これだと，後からルートを入力しようと思ってもできません．そういう場合に INS キーを使います．以下の計算を考えましょう．

$$\sqrt{3^2+4^2} \tag{6.9}$$

始めに (3^2+4^2) を入力します．ここで左の開き括弧にカーソルを合わせ， INS キーを押すと，図 6.15(a) のようにカーソルの形が ▶ に変わります．ここで √■ キーを押すと，図 (b) のように括弧の中身がすべて $\sqrt{\ }$ の中に取り込まれます．

(a) 開き括弧にカーソルを合わせ INS

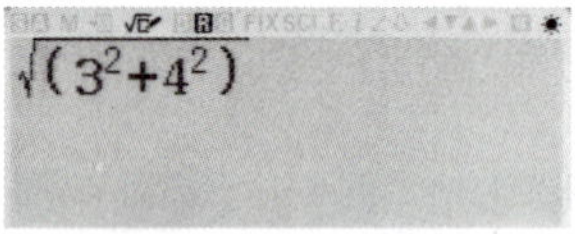

(b) 続いて √■

図 6.15　fx-JP500 の INS キーの使い方

メーカーとしてはこの機能を使ってもらいたいのでしょうが，実用性はあまりありません．式 (6.9) のケースなら最後に $x^{\blacksquare}$ 0.5 と打つか，(3^2+4^2) を = で確定してから √■ Ans とやるだけです．皆さんは，むしろこちらのテクニックを覚えて活用するようにしてください．

数式プレイバック機能をもつ関数電卓は，複数の数式の履歴を覚えています．fx-JP500, EL-509T も例外ではありません．二つ以上前の数式を利用したいときは ↑ キーを押してさかのぼり，必要なところで ← → キーを押して編集状態にします．次のような問題を考えてみましょう．

例題 6.7　式 (6.8) で求められた $|Z_{\rm C}|$ から，抵抗の両端の電位差 $V_{\rm R}$ は以下の式で求められる．

$$V_{\rm R} = \frac{RV_{\rm C}}{|Z_{\rm C}|} \tag{6.10}$$

各々の f で $|Z_{\rm C}|$ を計算した後，$V_{\rm R}$ を計算せよ．

解答　まず，200 Hz における $|Z_C|$ を計算します．ここで，答をメモリー A に記憶させます．

fx-JP500　[分数] 1 [×10^x] 4 [↓] [√■] [分数] 10 [↓] 9.9 [→] [x^2] [−] 1 [STO] [A]
EL-509T　[a/b] 1 [Exp] 4 [↓] [√] [a/b] 10 [↓] 9.9 [→] [x^2] [−] 1 [STO] [A]

答：70179.2393 Ω

200 Hz における V_R を計算します．

fx-JP500　1 [×10^x] 4 [×] 9.9 [÷] [A] [=]
EL-509T　1 [Exp] 4 [×] 9.9 [÷] [A] [=]　答：1.410673598 V

数式履歴を一つさかのぼり，500 Hz における $|Z_C|$ を計算します．

fx-JP500　[↑] [←]（9 回）[DEL] 5 [=]
EL-509T　[↑] [←]（8 回）[BS] 5 [STO] [A]　答：30424.34922 Ω

[NOTE] fx-JP500 はイコールキーで自動的に [STO] [A] が再実行されますが，EL-509T は明示的に [STO] [A] と操作しないと，メモリー A に保存されません．

数式履歴を一つさかのぼり，500 Hz における V_R を計算します．

fx-JP500　[↑] [←]（3 回）[DEL] 5 [=]
EL-509T　[↑] [←]（3 回）[BS] 5 [=]　答：3.122498999 V

以下同様に繰り返せば，すべての $|Z_C|$，Z_R が労せずに求められます．

6.7 ••• CALC 機能（数式記憶）

前節では，いくつかの周波数においてインピーダンスを計算する，という大学の物理実験の典型的な課題を例にとって，数式履歴の使い方を学びました．次は，同じ計算をより高度なテクニックで省力化する方法を学びます．fx-JP500 は **CALC 機能**，EL-509T は**シミュレーション計算機能**とよんでいますが，思想は同じです．具体例として，先ほどと同じ式 (6.8) の繰り返し計算を考えます．

例題 6.8　図 6.13 の RC 直列回路において，表 6.2 の各周波数について計測された V_C から$|Z_C|$を求めよ．$V_0 = 10.0\,\mathrm{V}$，$R = 10.0\,\mathrm{k\Omega}$ とする．

解答　まず数式を入力します．ここで，入れ換える数のところを適当な変数に置き換えるのがポイントです．今回は変数 X を使ってみました．次のポイントは，[=] の代わりに [CALC] [ALGB] キーを押すことです．キーの位置を図 6.16 に示します．[=] を押して，計算を確定してから [CALC] [ALGB] キーを押すことも可能ですが，その場合，元々 X に入っている値によってはエラーが出てしまい，計算ができません．

fx-JP500　[■/■] 1 [×10^x] 4 [↓] [√■] [■/■] 10 [↓] [X] [→] [x^2] [−] 1 [CALC]

EL-509T　[a/b] 1 [Exp] 4 [↓] [√] [a/b] 10 [↓] [X] [→] [x^2] [−] 1 [ALGB]

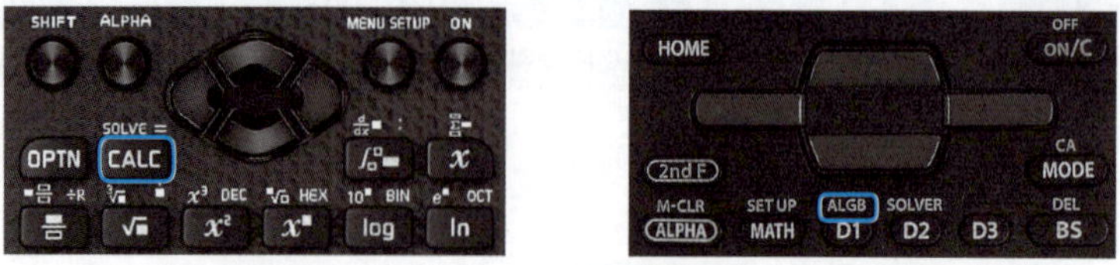

fx-JP500　　EL-509T

図 6.16　[CALC] [ALGB] キー

すると，「X=」という表示が出ます（図 6.17）．これは，「いま入力した式の X を代入せよ」，という要求です．9.9 を入れてみましょう．

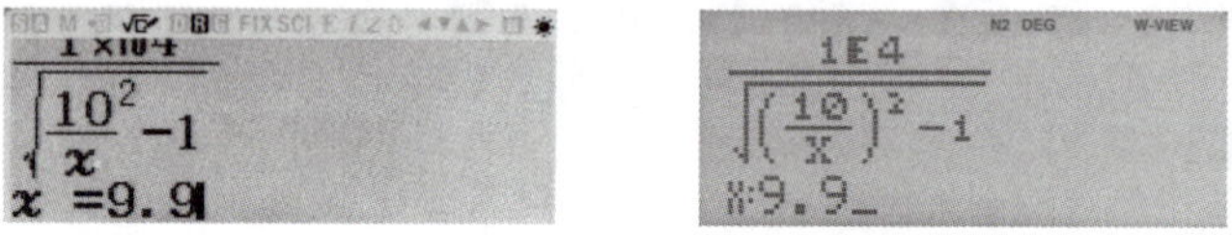

図 6.17　式 (6.8) の計算を，CALC 機能を使って計算する．変数を X とした．

fx-JP500　9.9 [=] [=]

EL-509T　9.9 [=]　　答：70179.2393 Ω

$V_{\mathrm{C}} = 9.9\,\mathrm{V}$ の答が出ました．ここで，fx-JP500 は [=] を 2 回押さなくてはいけない点に注意してください．

fx-JP500 は，もう一度 [=] を押すと，「X=」の状態に戻ります．これを繰り返せば，労せずして各周波数における$|Z_{\mathrm{C}}|$が次々と求まることになります．先ほどのように [←] や [DEL] でちまちまと編集する必要はありません．

fx-JP500　[=] 9.5 [=] [=]　　答：30424.34922 Ω

一方，EL-509T は，毎回 [ALGB] キーを押す必要があります．

EL-509T　[ALGB] 9.5 [=]　　答：30424.34922 Ω

「物理学実験」を指導しているとき，表 6.2 のような計算は悩みの種です．ほとんどの学生は関数電卓の使い方に習熟しておらず，毎回数式を一から打ち直すため，すべてのデータを計算するのに 30 分もかかってしまいます．CALC 機能を使えば，同じ計算が 3 分もかからずに終わってしまうことがわかるでしょう．大学教育のはじめに，正しい関数電卓の使い方をきっちり教えてあげたい，というのが現場を長年経験しての感想です．

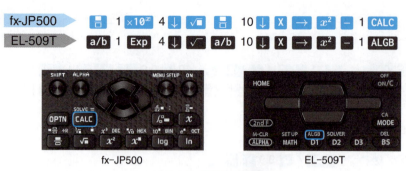

章末問題

Q1. 体積 V がちょうど $1{,}000\,\mathrm{cm}^3$ となる球の半径 r を求めよ．ただし，公式 $V=(4/3)\pi r^3$ を変形して求めるのではなく，適当な r を仮定して体積を計算，試行錯誤で誤差 1% 未満となる r を求めること．

Q2. 図 6.18 のような，おもりを落下させて何点かで速度 v を測る実験を行った．位置 y における位置エネルギー U，運動エネルギー K はそれぞれ

$$U=mgy \tag{6.11}$$

$$K=\frac{1}{2}mv^2 \tag{6.12}$$

で，エネルギー保存則から

$$U+K=U_0 \tag{6.13}$$

が成り立つはずである．ここで，U_0 はおもりを放した位置 (y_0) の位置エネルギーである．以下の表を埋め，エネルギー保存則の成立を確認せよ．ただし，$g=9.8\,\mathrm{m/s^2}$，$m=7.0\times10^{-3}\,\mathrm{kg}$ である．

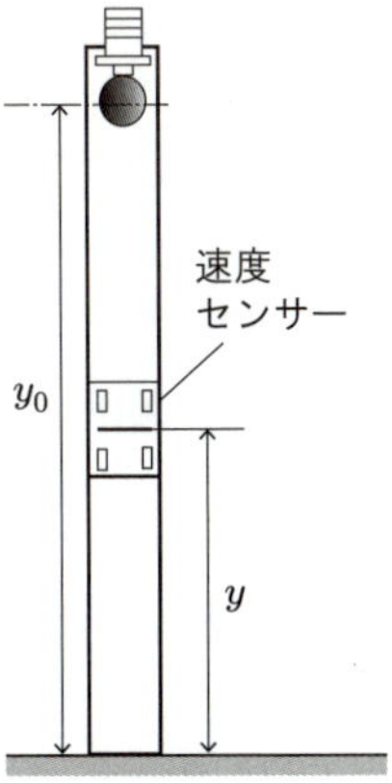

図 6.18

y [m]	v [m/s]	U [J]	K [J]	$\dfrac{U_0-(U+K)}{U_0}\times100$ [%]
1.5	0.0	0.1029	0	0.0
1.1	2.9			
0.8	3.7			
0.5	4.4			

Q3. 図 6.19 に示される，大きさ I の電流が流れている正方形のコイルの中心線上，近いほうの辺から測って距離 R の点 P の磁束密度 B の大きさは，以下の式で求められる（長さは [m]）．

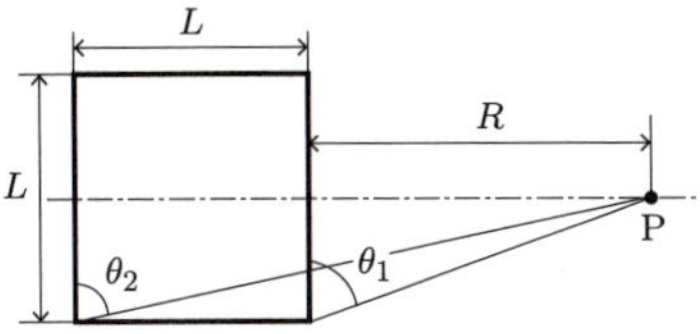

図 6.19

$$B=2\times10^{-7}I\left\{\frac{\cos\theta_1}{R}-\frac{\cos\theta_2}{L+R}-\frac{2}{L}(\sin\theta_2-\sin\theta_1)\right\}\ [\mathrm{T}] \tag{6.14}$$

$$\cos\theta_1=\frac{L/2}{\sqrt{R^2+(L/2)^2}},\quad \cos\theta_2=\frac{L/2}{\sqrt{(R+L)^2+(L/2)^2}} \tag{6.15}$$

$$\sin\theta_1=\frac{R}{\sqrt{R^2+(L/2)^2}},\quad \sin\theta_2=\frac{R+L}{\sqrt{(R+L)^2+(L/2)^2}} \tag{6.16}$$

電流 $I=250\,\mathrm{A}$，$L=50\,\mathrm{cm}$，$R=30\,\mathrm{cm}$ における磁束密度 B を求めよ．

Q4. 図 6.13 の回路において，コンデンサー両端の電位差 V_C は，理論的には

$$V_C = \frac{V_0}{\sqrt{1+(2\pi fCR)^2}} \tag{6.17}$$

で与えられる．$C = 1.0 \times 10^{-8}$ F であるとき，表 6.2 の各周波数における V_C の理論値を計算せよ．また，例題 6.6 で得られた V_C との相対誤差を計算せよ．

Q5. 第 3 章，式 (3.7) の無限級数は，ラストアンサーと数式履歴を上手く使えば，関数電卓の精度の範囲でいくらでも正確に計算できる．以下の手順で計算してみよ．

(1) [√] 2 [=] でラストアンサーに $\sqrt{2}$ を代入する

(2) [√] 2 [+] [Ans] [=] を計算する

(3) 数式履歴で (2) を繰り返し計算する

Q6. 第 5 章の式 (5.10) は，n を大きくしていくと自然対数の底 e に近づいていく．では，n に 10，100，1,000，... を入れていったときの，答と e との差を計算せよ．

Q7. $1/1^2 + 1/2^2 + 1/3^2 + 1/4^2 + \cdots$ がある値に収束するかどうかというのは，数学者を長年にわたり悩ませてきた．数学者のオイラーは，これが $\pi^2/6$ に収束することを 1734 年に証明した．関数電卓を使い，これを確かめよ．

HINT メモリー A に 1 を，B に 0 を入れ，$1/\mathrm{A}^2 + \mathrm{B} \to \mathrm{B}$ を計算．次に $\mathrm{A} + 1 \to \mathrm{A}$ を計算．これを繰り返す．

Q8. 円周率を求める公式に「ヴィエトの公式」とよばれる以下のようなものがある．

$$\pi = 2 \cdot \frac{2}{\sqrt{2}} \cdot \frac{2}{\sqrt{2+\sqrt{2}}} \cdot \frac{2}{\sqrt{2+\sqrt{2+\sqrt{2}}}} \cdot \cdots \tag{6.18}$$

電卓の精度いっぱいまでこれを計算して π を求めよ．

HINT メモリー A に 2 を，B に $\sqrt{2}$ を入れ，$\mathrm{A} \times (2/\mathrm{B}) \to \mathrm{A}$ を計算．次に $\sqrt{2+\mathrm{B}} \to \mathrm{B}$ を計算．これを繰り返す．

章末問題解答

A1. CALC 機能を使います．

fx-JP500 4 [÷] 3 [×] [π] [A] [x^3] [CALC]

EL-509T 4 [÷] 3 [×] [π] [A] [x^3] [ALGB]

NOTE 正確な値は，$r = 6.203504909$ cm です．

A2.

y [m]	v [m/s]	U [J]	K [J]	$\dfrac{U_0-(U+K)}{U_0} \times 100$ [%]
1.5	0.0	0.1029	0	0.0
1.1	2.9	0.0755	0.0294	−1.9
0.8	3.7	0.0549	0.0479	+0.1
0.5	4.4	0.0343	0.0678	+0.78

NOTE 計算は，メモリーと数式履歴を使って効率的に行いましょう．

■ Step 1　U_0 を計算し，メモリー A に格納

fx-JP500　7 [×10^x] [(−)] 3 [×] 9.8 [×] 1.5 [STO] [A]

EL-509T　7 [Exp] [(−)] 3 [×] 9.8 [×] 1.5 [STO] [A]

答：0.1029 J

■ Step 2　U を計算し，メモリー B に格納

fx-JP500　[←] [DEL] [DEL] 1 [STO] [B]

NOTE はじめに，数式の最後の「→A」を消してから式を修正します．

EL-509T　[←] [BS] 1 [STO] [B]

答：0.07546 J

■ Step 3　K を計算し，メモリー C に格納

fx-JP500　0.5 [×] 7 [×10^x] [(−)] 3 [×] 2.9 [x^2] [STO] [C]

EL-509T　0.5 [×] 7 [Exp] [(−)] 3 [×] 2.9 [x^2] [STO] [C]

答：0.029435 J

■ Step 4　誤差の計算

fx-JP500　[分数] [A] [−] [(] [B] [+] [C] [)] [↓] [A] [→] [×] 100 [=]

EL-509T　[a/b] [A] [−] [(] [B] [+] [C] [)] [↓] [A] [→] [×] 100 [=] [CHANGE] [CHANGE]

答：−1.93877551%

数式履歴をさかのぼり，Step 2〜4 を繰り返します．

A3.　$5.080347319 \times 10^{-5}$ T

NOTE 何をメモリーに格納するかが考えどころですが，ここは $\cos\theta_1$ や $\sin\theta_1$ ではなく，$\sqrt{R^2+(L/2)^2}$ と $\sqrt{(R+L)^2+(L/2)^2}$ をメモリー A，B に格納し，あとは脳内式変形で計算してみましょう．また，何度も出てくる L と R を変数 X，Y にしておくと，後々の繰り返し計算が楽になります．

■ Step 1　R と L の定義

共通　0.5 [STO] [X]

共通　0.3 [STO] [Y]

■ Step 2　$\sqrt{R^2+(L/2)^2}$ の計算

fx-JP500　[√■] [Y] [x^2] [+] [分数] [X] [↓] 2 [→] [x^2] [STO] [A]

EL-509T　[√] [Y] [x^2] [+] [a/b] [X] [↓] 2 [→] [x^2] [STO] [A]

答：0.3905124838 m | 0.390512483 m

■ Step 3　$\sqrt{(R+L)^2+(L/2)^2}$ の計算

fx-JP500　[←] [DEL] [←] （13 回）[DEL] [(] [X] [+] [Y] [)] [STO] [B]

EL-509T　[←] （12 回）[BS] [(] [X] [+] [Y] [)] [STO] [B]

答：0.8381527307 m | 0.83815273 m

■ Step 4　磁場の計算

fx-JP500　2 ×10^x (−) 7 × 250 (X ÷ 2 ÷ A ÷ Y − X ÷ 2 ÷ B ÷ (X + Y) − 2 ÷ X × ((X + Y) ÷ B − Y ÷ A =

EL-509T　2 Exp (−) 7 × 250 (X ÷ 2 ÷ A ÷ Y − X ÷ 2 ÷ B ÷ (X + Y) − 2 ÷ X × ((X + Y) ÷ B − Y ÷ A =

異なる R における計算は，数式履歴を使えば容易に計算できます．

A4.

f [Hz]	V_C（計測値）[V]	V_C（理論値）[V]	誤差 [%]
200	9.9	9.921	−0.22
500	9.5	9.540	−0.42
1 k	8.4	8.467	−0.79
2 k	6.3	6.227	+1.17
5 k	3.0	3.033	−1.09

NOTE　数式履歴と変数を上手に活用しましょう．

■ Step 1　V_C の理論値を計算，メモリー A に格納

fx-JP500　10 ÷ √■ 1 + (2 π × 200 × 1 ×10^x (−) 8 × 1 ×10^x 4) x^2 STO A

EL-509T　10 ÷ √ 1 + (2 π × 200 × 1 Exp (−) 8 × 1 Exp 4) x^2 STO A

答：9.921966154

■ Step 2　誤差の計算

共通　(9.9 − A) ÷ A × 100 =

答：−0.2213891238 | −0.221389123

A5.

(1) fx-JP500　√■ 2 =

EL-509T　√ 2 =　答：1.414213562

(2) fx-JP500　√■ 2 + Ans =

EL-509T　√ 2 + Ans =　答：1.847759065

(3) 共通　=　答：1.961570561

共通　=　答：1.990369453

NOTE　以下 = の繰り返しです．17 回の繰り返しで答が 2 になります．

A6. $n=10$ -0.1245393684 | -0.124539368

$n=100$ -0.01346799904 | -0.013467999

$n=1000$ $-1.357896223\times10^{-3}$

共通 10 STO A

fx-JP500 (1 + ▭/▭ 1 ↓ A →) $x^{■}$ A → − e =

EL-509T (1 + a/b 1 ↓ A →) y^x A → − e =

共通 100 STO A

共通 ↑ =

共通 1000 STO A

共通 ↑ =

A7.

共通 1 STO A

共通 0 STO B

共通 1 ÷ A x^2 + B STO B

共通 1 + A STO A

fx-JP500 ↑ =

EL-509T ↑ ← STO B 答：1.25

fx-JP500 ↑ = ↑ =

EL-509T ↑ ← STO A ↑ ← STO B 答：1.361111111

⋮

NOTE 解がなかなか収束せず，じれったい計算ですが，根気よく繰り返せば，いつかは $\pi^2/6=1.644934067\cdots$ に収束します．この収束の遅さから，当時はこの級数が収束するかどうかもわかりませんでした．オイラーが解の収束を証明したとき，その解に超越数 π が含まれることに数学界が仰天したそうです．

A8.

共通 2 STO A

fx-JP500 √▭ 2 STO B

EL-509T √ 2 STO B

共通 A × 2 ÷ B STO A

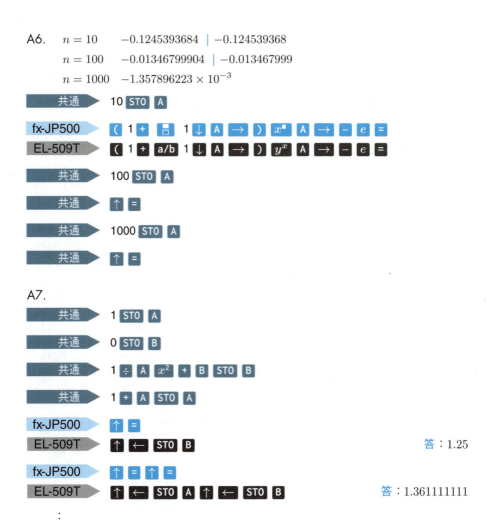

fx-JP500 √■ 2 + B STO B
EL-509T √ 2 + B STO B

fx-JP500 ↑ =
EL-509T ↑ ← STO A　　答：3.061467459

fx-JP500 ↑ = ↑ =
EL-509T ↑ ← STO B ↑ ← STO A　　答：3.121445152

⋮

Column　ラストアンサーと数式履歴

日本の二大関数電卓メーカー，CASIO と SHARP は，互いを横目で見ながら切磋琢磨を続け，新製品を世に送り出してきました．したがって，両メーカーの最新機種，fx-JP500 と EL-509T のスペックは驚くほどよく似ています．本書の内容も，第 1 章から第 5 章までは，キーの刻印が違うくらいで，両機で操作方法を区別する必要はほとんどありませんでした．

しかし，メモリー，時刻，n 進数など，第 6 章から先で取り扱う操作は，両メーカーの設計思想の差が顕著に出ます．そのため，関数電卓のベテランは，何代にもわたって同じメーカーのものを使い続ける人が多いようです．本コラムでは，ラストアンサーと数式履歴に関する fx-JP500 と EL-509T の違いについて掘り下げてみましょう．

例として，以下の計算を手持ちの関数電卓で行ってみてください．

共通 1 + 1 =　　答：2
共通 Ans + 1 =　　答：3

次に，「1+1=」の計算を履歴で呼び出し，「1+2=」に変更して実行します．

fx-JP500 ↑ ← DEL 2 =
EL-509T ↑ ← BS 2 =　答：3

「Ans+1」を繰り返します．

共通 ↑ =　　答：???

さて，結果はどうなったでしょうか．fx-JP500 は「4」，EL-509T は「3」になります．これは，両機のラストアンサーメモリーに関する設計思想の差が生んだ差異です．

fx-JP500 は，ラストアンサーを含んだ数式を履歴から呼び出して実行すると，ラストアンサーには「直前の」計算結果が入ります．上の例では ↑ = の直前の計算結果は「3」ですから，「Ans+1」の答は「4」です．一方，EL-509T は，ラストアンサーを含んだ数式を履歴から呼び出して実行するとき，「最初に計算されたときのラストアンサー」が保持されます．初めて Ans + 1 = を計算したとき，ラストアンサーには直前の計算の答，「2」が入っていました．したがって，EL-509T は，Ans + 1 = をどのタイミングで呼び出しても，Ans には常に「2」が代入されます．

このように設計思想が違う両機ですが，便利なのはどちらでしょうか．私は，多くのシチュエーションで，fx-JP500 のほうが便利だと感じています．

たとえば，例題 6.7 の計算を考えます．まず 200 Hz（$V_C = 9.9$ V）のときの式 (6.8) を計算します．ここで，答をメモリー A に記憶させるのではなく，イコールで確定します．

fx-JP500 ■ 1 ×10^x 4 ↓ √■
■ 10 ↓ 9.9 → x^2
− 1 =
答：70179.2393 Ω

V_R の計算にはラストアンサーを使用します．

fx-JP500 1 ×10^x 4 × 9.9 ÷ Ans
=　答：1.410673598 V

履歴を一つさかのぼり，500 Hz（$V_C = 9.5$ V）のときの式 (6.8) を計算します．

fx-JP500　↑ ← （9 回） DEL 5 =　答：30424.34922 Ω

履歴を一つさかのぼり，V_R を計算します．

fx-JP500　↑ ← （3 回） DEL 5 =　答：3.122498999 V

ここで，数式エリアには「$1 \times 10^4 \times 9.5 \div \mathrm{Ans}$」が表示されますが，fx-JP500 は Ans に直前の計算の答，30424.34922 が代入されます．したがって，正しく 3.122498999 を得ます．

同じ操作を EL-509T で行うと，「$1 \times 10^4 \times 9.5 \div \mathrm{Ans}$」の Ans には 70179.2393 が入っており，これは更新されません．したがって，二つの式で次々と計算を繰り返すような問題では，メモリーを使う必要があるのです（→p.110）．

では，EL-509T の設計思想が有利にはたらくのはどんなシチュエーションでしょうか．たとえばこんな場合が考えられます．例題 6.7 で，式 (6.8) を計算，続いて V_R を計算します．このとき，間違えて 1 Exp 4 × 9.9 ÷ Ans = でなく 1 Exp 4 × 9.9 × Ans = と入力してしまったとします．実際，こういう間違いはよくあります．fx-JP500 は，この計算をやり直すことはできません．ラストアンサーが，いまの間違えた計算で更新されてしまうからです．しかし，EL-509T なら，← キーで数式編集状態に入り，× を ÷ に書き換えるだけです．

ラストアンサーについての両機の設計思想の違い，それぞれに合理的な考え方のもとに決められているとは思いますが，教える立場からすると冷や汗モノです．私も，関数電卓の使い方を教えるとき，教えたとおりの操作では正しい答が出ない，ということをたびたび経験します．

Chapter 07
時刻と角度

時刻と角度の計算も，関数電卓の得意技の一つです．重要性や利用頻度は三角関数や指数・対数に及ぶべくもないのですが，第 3 章に入れずに別立てにした理由は，1 度未満の角度の定義（分・秒）があまり一般に知られていないと思われることと，CASIO，SHARP の時刻・角度入力の設計思想が異なることから，操作方法の説明が複雑になるためです．

日常生活で時刻の計算が必要なシチュエーションは多いと思います．現代では，スマートフォンによる GPS の利用も日常のこととなりました．GPS 座標を緯度，経度に変換するのも関数電卓ならお手の物です．いままで，関数電卓を使って時刻の計算をするなど思いもよらなかったかもしれませんが，これを機会に活用してはいかがでしょうか．

7.1 ••• 1 度より小さい角度

角度 [deg] の定義は，円を 360 分割した円弧の中心角です．では，1 度より小さい角度はどう測るのでしょうか．0.1 度，0.01 度と小数で表すことももちろん可能ですが，伝統的に**1 度未満の角度**は 60 進法で数えます．

$$1\text{ 分} = 1/60\text{ 度} \tag{7.1}$$

$$1\text{ 秒} = 1/60\text{ 分} = 1/3600\text{ 度} \tag{7.2}$$

表記方法は，たとえば 1 度 23 分 24 秒なら

$$1^\circ 23' 24'' \tag{7.3}$$

と書きます．

1 秒未満の角度は，10 進小数で表します．つまり，「時：分：秒」という表記方法と，「度：分：秒」という表記方法には互換性があります．したがって，関数電卓の 60 進数計算機能は，時刻計算機能としても角度計算機能としても使えるわけです．

日常生活で 1 度未満の角度表記を見かける機会があるとすれば，**緯度・経度**の表示でしょうか．緯度・経度は，図 7.1 のように地球を緯線と経線で分割し，地球上のどの場所も「東経 XXX 度 XX 分 XX 秒，北緯 XX 度 XX 分 XX 秒」のように表すことができるようにした座標系です．

日本地図の原点である「日本経緯度原点」が東京麻布にあります．この地点の緯度・経度

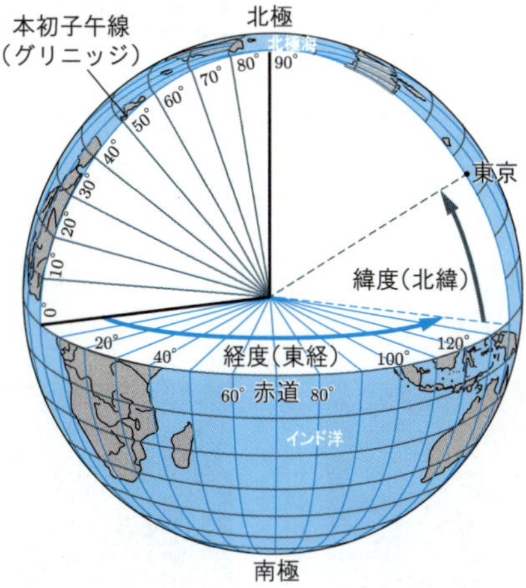

図 7.1 緯度・経度の定義（国土地理院,「緯度・経度の説明（http://www.gsi.go.jp/KIDS/KIDS08.html）」をもとに作成）

は現代最高の技術で測定されており，それぞれ

経度：東経　$139°44'28.8869''$

緯度：北緯　$35°39'29.1572''$

だそうです．10^{-4} 秒の位は，定義から 1/36,000,000 度です．緯度に関していえば，地球の周囲が約 40,000 km であることから，10^{-4} 秒離れた 2 点間の距離は，

$$\frac{40000 \times 10^3}{360 \times 36000000} = 3.1 \times 10^{-3}\,\mathrm{m} \tag{7.4}$$

です（経度 1 度あたりの距離は，赤道上と日本とでは大分違います）．つまり，日本経緯度原点は，3 mm の精度で定義されているわけです．

科学技術の分野では，伝統的に天文学が角度に「度分秒」表記を使います．土木・建築の分野でも，「度分秒」表記は健在です．

7.2 ••• 時刻・角度の入力

それでは，まず時刻や角度の入力から始めましょう．小手調べとして，いくつかの時刻を入力してみます．

例題 7.1　1 時 23 分 24 秒を入力せよ．

解答

fx-JP500 ▶ 1 [° ′ ″] 23 [° ′ ″] 24 [° ′ ″] [=]

EL-509T ▶ 1 [D°M′S] 23 [D°M′S] 24 [=]

答：1.39 | $1°23'24''$

時刻，角度の入力は，「時分秒」専用のキー [° ′ ″] [D°M′S] を使い行います（図 7.2）．fx-JP500 は，イコールキーを押すと，1 時 23 分 24 秒が小数に変換された結果が表示されます．私は，これはあまりよい設計とは思えないのですが，fx-JP500 は，セットアップで「自然表示入力・小数表示」モードを選ぶと，このような表示になります．「自然表示入出力」モードなら「1°23′24″」と表示されるのですが，そのために払う犠牲が多すぎです．ここは我慢しましょう．この後詳しく説明しますが，fx-JP500 は解確定状態で [° ′ ″] を押せば度分秒表記を得ることができます．

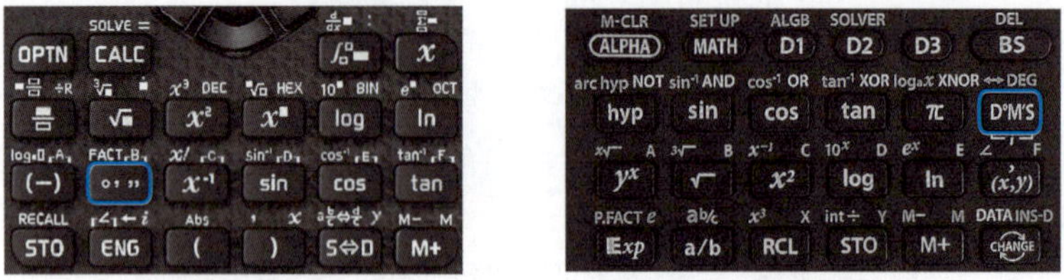

fx−JP500　　EL−509T

図 7.2　時刻・角度の入力キー [° ′ ″] [D°M′S]

fx-JP500 と EL-509T で，入力ルールがわずかに違うことに気づいたでしょうか．fx-JP500 は時分秒入力の最後に [° ′ ″] を忘れると Syntax Error（文法エラー）となりますが，EL-509T は最後の [D°M′S] を省略できます．[D°M′S] で終わってもエラーにはなりません．ちょうど 0 秒のときは，両機種とも入力を省略できます．

例題 7.2　1 時 30 分を入力せよ．

解答

fx-JP500　1 [° ′ ″] 30 [° ′ ″] [=] [° ′ ″]

EL-509T　1 [D°M′S] 30 [=]

答：1 : 30′0″

「分」や「秒」に 60 より大きな数字を使っても正しく解釈されます．以下のようなケースで便利です．

例題 7.3　4,968 秒は何時間何分何秒か？

解答

fx-JP500　0 [° ′ ″] 0 [° ′ ″] 4968 [° ′ ″] [=] [° ′ ″]

EL-509T　0 [D°M′S] 0 [D°M′S] 4968 [=]

答：1 : 22′48″

fx-JP500 は，最後が [° ′ ″] で終わる入力はすべて 60 進法の時刻（角度）と考えます．そして，「分」の入力に小数が含まれても，自動的に小数点以下を 60 進に変換します．たとえば，以下の入力では，

fx-JP500 1 [° ′ ″] 30.5 [° ′ ″] [=] [° ′ ″] 答：1 : 30′30″

のように，30.5 [° ′ ″] の小数点以下を「30 秒」と解釈します．一方，EL-509T は，度分秒の「分」に小数は許されません．

EL-509T 1 [D°M′S] 30.5 [=] 答：文法エラー

7.3 ••• 小数から時分秒への変換および逆変換

次に，入力した小数を時分秒（度分秒）へ変換して，再びそれを逆変換してみましょう．例として取り上げるのは **GPS 座標**です．いまでは携帯電話やカメラにも装備されている GPS 受信器ですが，皆さんは GPS 受信器の「生のデータ」を見たことがありますか？ GPS 受信器は，人工衛星から受信した電波を計算し，まず地表面上の緯度，経度という一組のデータに変換します．これは一般に小数で表された角度で，これを GPS 座標といいます．そしてそれをもとに，地図上に自分の位置を表示するわけですが，ソフトウェアによっては生の GPS 座標を表示することが可能です．

例題 7.4 東京タワーの GPS 座標は「N 35.658581, E 139.745433」である．これを「東経 XXX 度 XX 分 XX 秒，北緯 XX 度 XX 分 XX 秒」形式に変換せよ．

解答 GPS の出力は N が北緯，E が東経で，度未満は小数表示です．これを度分秒に変換する手続きは以下のとおりです．

fx-JP500 35.658581 [=] [° ′ ″]
EL-509T 35.658581 [↔DEG] 答：35°39′30.89″

fx-JP500 139.745433 [=] [° ′ ″]
EL-509T 139.745433 [↔DEG] 答：139°44′43.56″ | 139°44′43.6″

fx-JP500 は，解確定状態では [° ′ ″] キーの機能が変わります．解確定状態では，[° ′ ″] キーは度分秒表示と小数表示の交互切り替えキー機能をもちます．一方，EL-509T は，[D°M′S] の裏が [↔DEG] で，これも少々変わった仕様になっています．[↔DEG] キーは，関数キーではなく，「数式表示エリアに表示されている数値」を小数から度分秒，あるいはその逆に変換し，解確定状態に遷移します．もちろん，解確定状態でも，ラストアンサーに対して変換がはたらくので，同じ効果です．また，数値でなく，関数の表示状態でも，[↔DEG] を押せば計算が行われ，その結果を度分秒に変換します．

7.4 ••• 時刻・角度の計算

続いて，時刻・角度を含んだ演算について見ていきます．

7.4.1 ● 和・差

まずは経過時間の計算です．

例題 7.5　1 時 23 分 00 秒から 3 時 15 分 21 秒までの経過時間を求めよ．

解答

fx-JP500　3 [°′″] 15 [°′″] 21 [°′″] [−] 1 [°′″] 23 [°′″] [=] [°′″]

EL-509T　3 [D°M′S] 15 [D°M′S] 21 [−] 1 [D°M′S] 23 [=]　答：1 : 52′21″

EL-509T は，時分秒形式どうしの和・差は，解も時分秒形式を保ちます．fx-JP500 は，入力したそばから小数に変換されますから，最後に [°′″] キーで時分秒表示に変換します．

7.4.2 ● 積・商

時刻（角度）を含む積・商は，二つの量の次元（単位）によって，以下のように解の次元が異なります．

積：　(1)「時刻」×「実数」=「時刻」

(2)「時刻」×「時刻」=「時刻^2」

商：　(3)「時刻」÷「実数」=「時刻」

(4)「時刻」÷「時刻」=「実数」

(5)「実数」÷「時刻」=「時刻$^{-1}$」

fx-JP500 は，結果の次元が時刻（角度）であろうとなかろうと，[°′″] キーを押せばそれを時刻に換算します．その変換に意味があるのかないのか，判断はユーザーに任せられています．一方，EL-509T はよく考えられていて，(1)，(3) の場合は答を時刻（角度）表示で，それ以外の場合は答を実数で返します◆1．具体例を 3 つほど計算してみましょう．

例題 7.6　ある店で，ケーキを箱に詰める時間は一つあたり 17 秒と計測された．ケーキが 384 個あるとき，箱詰めに掛かる時間はどれくらいか．

解答

fx-JP500　0 [°′″] 0 [°′″] 17 [°′″] [×] 384 [=] [°′″]

EL-509T　0 [D°M′S] 0 [D°M′S] 17 [×] 384 [=]　答：1 : 48′48″

ただし，このような計算は，$17 \times 384 = 6,528$ 秒を 3,600 で割って「時間」に換算し，その後時分秒に換算する方法もあります．

◆1　fx-JP500 も，「自然表示入出力」モードなら同様の変換を行います．

fx-JP500　17 [×] 384 [÷] 3600 [=] [° ′ ″]
EL-509T　17 [×] 384 [÷] 3600 [↔DEG]　答：1 : 48′48″

EL-509T は，イコールを押さなくても，加減乗除の数式を自動的に計算してから [↔DEG] が作用し，解を確定させます．ただし，これは裏技的テクニックで，間違いのもとなので多用しないほうがよいでしょう．いちど [=] で解を確定したほうが確実です．

例題 7.7　F1 のレースカーが鈴鹿サーキットを 1 周するのに掛かる時間の最短記録（コースレコード）は 1 分 27 秒 319 である．ではこのペースで回り続けると，1 時間に何周できるか．

解答

fx-JP500　1 [÷] 0 [° ′ ″] 1 [° ′ ″] 27.319 [° ′ ″] [=]
EL-509T　1 [÷] 0 [D°M′S] 1 [D°M′S] 27.319 [=]　答：41.2281405 周

例題 7.8　東京を 12 時 30 分に発ち，新大阪に 15 時 03 分に到着する新幹線「のぞみ号」の平均時速を求めよ．東京駅から新大阪駅までの距離は 515.4 km である．

解答　計算式は以下のとおりです．

$$515.4 \div (15:03' - 12:30')\ [\mathrm{km/h}] \qquad (7.5)$$

fx-JP500　515.4 [÷] [(] 15 [° ′ ″] 3 [° ′ ″] [−] 12 [° ′ ″] 30 [° ′ ″] [=]
EL-509T　515.4 [÷] [(] 15 [D°M′S] 3 [−] 12 [D°M′S] 30 [=]
答：202.1176471 km/h

7.4.3 ● 関　数

関数の引数に度分秒表示の数値を与えてもエラーにはなりません．対応する小数を入力したときと同じ解が返ります．しかし，これが実際に意味をもつのは，deg モードの三角関数のみでしょう．ここで注意すべきは，角度モードが rad のときは，たとえば 15 [° ′ ″] 0 [° ′ ″] と入力しても，これは「15 rad」と解釈されてしまう点です．三角関数を計算するときは，度分秒入力であっても，常に角度モードに注意を払います．

例題 7.9　30 分角（0°30′）の sin を計算しなさい．

解答

fx-JP500　[deg] [sin] 0 [° ′ ″] 30 [° ′ ″] [=]
EL-509T　[deg] [sin] 0 [D°M′S] 30 [=]　答：$8.726535498 \times 10^{-3}$

7.5 ・・・ 天文学と角度

科学としての天文学は，航海技術とともに発達してきました．夜空の星の位置を決まった時刻に測定して，自分のいる場所の緯度・経度を知るわけです．そのためか，天文学も伝統的に角度表記に「度分秒」を使います．しかし，天文学では1秒のオーダーの角度を扱うことが多いため，1秒角を**秒角** [arcsec] とよび，独立した単位のように扱うことがよくあります．

例題 7.10 1 arcsec を [rad] に換算せよ．ただし，関数電卓の「度分秒」機能を使うこと．

解答 $1\,\mathrm{deg} = \pi/180\,\mathrm{rad}$ ですから，計算式は以下のとおりです．

$$0°00'01'' \times \frac{\pi}{180}\,[\mathrm{rad}] \tag{7.6}$$

fx-JP500　0 [° ′ ″] 0 [° ′ ″] 1 [° ′ ″] [×] [π] [÷] 180 [=]

EL-509T　0 [D°M′S] 0 [D°M′S] 1 [×] [π] [÷] 180 [=] [↔DEG]

答：$4.848136811 \times 10^{-6}$ rad

これが，1 arcsec を [rad] で表したものです．EL-509T は，ルールに従って「角度」×「実数」はいったん角度として出力されるので（→p.124），[↔DEG] で小数に変換してください．

1秒角がどれくらいの大きさかをイメージするため，半径1kmの円を考えましょう．円の中心に立ち，円周上に置かれた5円玉を見ます．このとき，5円玉の穴の両端と円の中心を結んでできる角度がおよそ1 arcsec です．

地球から見た星々は，この穴よりもはるかに小さく見えるはずですが，大気の揺らぎのため，像は1 arcsec 程度の大きさにぼやけてしまいます．ところが，最近は大気の揺らぎをコンピューターで補正する**補償光学**の技術により，像のにじみを0.1 arcsec 未満に抑えることも可能になりました．このように望遠鏡の「視力」の単位としても [arcsec] は使われています．

ついでに，天文学で使われる二つの重要な単位，**光年** [ly] と**パーセク** [pc] についてお話ししましょう．光年（light year）とは，「光の速さで1年かかる距離」です．真空中の光速度は 299,792,458 m/s ですから，1光年を [m] に直すと，

$$1\,\mathrm{ly} = 299792458 \times 365.25 \times 24 \times 3600\,[\mathrm{m}] \tag{7.7}$$

です．365.25 の端数は閏《うるう》年で，これが「光年」の正式な定義です．

共通　299792458 [×] 365.25 [×] 24 [×] 3600 [=]　答：$9.460730473 \times 10^{15}$ m

有効数字3桁で丸めると，1光年は 9.46×10^{15} m になります．

次に「パーセク」ですが，これは星の見え方に深くかかわっています．電車に乗って，外

の景色を見ることを想像してください．近くの景色は素早く後ろに遠ざかりますが，遠くの景色はほとんど止まって見えます．同様に，地球から見た星は，地球の公転によってわずかですが動いています．科学者たちは，そこから星までの距離が計算できることに気づきました．

図 7.3 のように，ある星の天球上の位置を半年ごとに 2 回計測します．そして，その基準点からの移動距離を [arcsec] で表します．これを「年周視差」といいますが，年周視差が 1 arcsec であるとき，星は 1 pc の距離にあると定義します．そして，年周視差と星までの距離は反比例の関係にあるので，[arcsec] で測った年周視差の逆数をとれば，[pc] 単位で星までの距離がわかります．1 pc の距離は，三角関数を使えば計算できますね．このとき，太陽と地球間の距離，1 **天文単位** (AU) $= 1.496 \times 10^{11}$ m を使います．

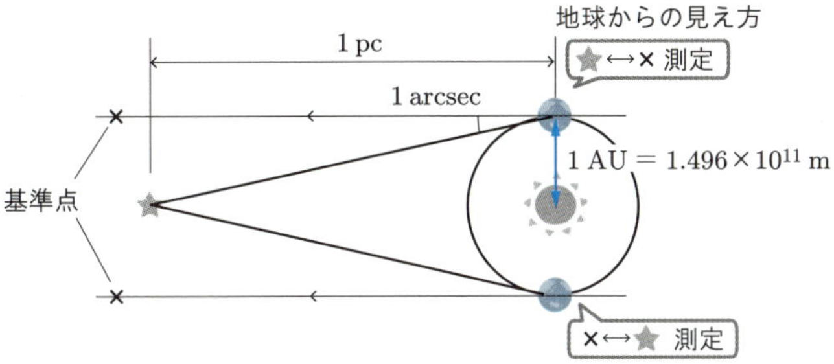

図 7.3　年周視差と 1 パーセク (pc) の定義

例題 7.11　1 pc の距離を [ly] で表せ．

解答

$$1\,\mathrm{pc} = \frac{1.496 \times 10^{11} \cot(0°00'01'')}{9.46 \times 10^{15}}\ [\mathrm{ly}] \tag{7.8}$$

まず，1 pc の距離を [m] で計算し，次に 1 ly の距離で割る，という方法をとります．

fx-JP500　deg　1.496　×10^x　11　÷　tan　0　° ′ ″　0　° ′ ″　1　° ′ ″　=

EL-509T　deg　1.496　Exp　11　÷　tan　0　D°M′S　0　D°M′S　1　=

答：$3.085721501 \times 10^{16}$ m

fx-JP500　÷　9.46　×10^x　15　=

EL-509T　÷　9.46　Exp　15　=

答：3.261862052 ly

有効数字（→p.35）を考え，1 pc = 3.26 ly という換算係数が得られます．

ここで一言付け加えると，私の専門分野においては，1 度未満の小さな角は通常 [rad] で扱います．なぜなら，小さな角 θ については，

$$\sin\theta \approx \theta \tag{7.9}$$

$$\tan\theta \approx \theta \tag{7.10}$$

という便利な近似が使えるからです．例題 7.11 を，角度を [rad] に換算したうえで計算すると以下のようになります．ここで，1 arcsec を [rad] に換算したものは，式 (7.6) ですでに計算した値を使いましょう．

$$1\,\mathrm{pc} = \frac{1.496 \times 10^{11}}{4.848 \times 10^{-6} \times 9.46 \times 10^{15}}\,[\mathrm{ly}] \tag{7.11}$$

fx-JP500　1.496 [×10^x] 11 [÷] 4.848 [×10^x] [(−)] 6 [÷] 9.46 [×10^x] 15 [=]

EL-509T　1.496 [Exp] 11 [÷] 4.848 [Exp] [(−)] 6 [÷] 9.46 [Exp] 15 [=]

答：3.261954102 ly

有効数字の範囲で，同じ答が得られます．

偶然かどうか，1 arcsec の年周視差は，大気の揺らぎを考えると地上から観測できるぎりぎりの大きさですが，地球からもっとも近い恒星までの距離が 1.3 pc，年周視差 0.7 arcsec です．したがって，はじめは年周視差が観測されないことから，地動説が否定されたそうです．現代では人工衛星からの観測により，年周視差の測定精度は 1/1,000 arcsec に達しています．

章末問題

Q1． 1 時 55 分 12 秒から 4 時 20 分 29 秒までの経過時間を計算せよ．

Q2． 1 周 400 m のトラックで，マラソンと同じ 42.195 km を 2 時間 6 分 30 秒で走りたい．1 周あたり何分何秒で回ればよいか．

Q3． 135.2325° を度分秒に変換せよ．

Q4． ある船が，赤道に沿って 1 日に経度 4°20′29″ 移動した．赤道の周囲を 40,000 km として，この船の平均時速を求めよ．

Q5． 1 rad は何度何分何秒か．

Q6． 年周視差の測定限界が 10^{-3} arcsec だとすると，視差の観測で決定できるもっとも遠い星までの距離は何光年になるか．

章末問題解答

A1． 2 : 25′17″

fx-JP500　4 [° ′ ″] 20 [° ′ ″] 29 [° ′ ″] [−] 1 [° ′ ″] 55 [° ′ ″] 12 [° ′ ″] [=] [° ′ ″]

EL-509T　4 [D°M′S] 20 [D°M′S] 29 [−] 1 [D°M′S] 55 [D°M′S] 12 [=]

A2． 1 分 11 秒 95 | 1 分 11 秒 9517

fx-JP500 42.195 [×10^x] 3 [÷] 400 [=] 2 [° ′ ″] 6 [° ′ ″] 30 [° ′ ″] [÷] [Ans] [=] [° ′ ″]

EL-509T 42.195 [Exp] 3 [÷] 400 [=] 2 [D°M′S] 6 [D°M′S] 30 [÷] [Ans] [=]

NOTE 考え方はいくつかありますが，「42.195 km は 400 m のトラック何周に相当するか」を計算し，2 時間 6 分 30 秒を周回数で割ります．

A3. $135°13'57''$

fx-JP500 135.2325 [=] [° ′ ″]

EL-509T 135.2325 [↔DEG]

A4. 20.09902263 km/h

■ Step 1 1 日の移動距離を計算

fx-JP500 4 [×10^x] 4 [×] 4 [° ′ ″] 20 [° ′ ″] 29 [° ′ ″] [÷] 360 [=]

EL-509T 4 [Exp] 4 [×] 4 [D°M′S] 20 [D°M′S] 29 [÷] 360 [=] [↔DEG]

答：482.3765432 km

NOTE 360° が 40,000 km なので，比率を掛けます．EL-509T は，360 で割ると解が度分秒表示になります．360 の後に [D°M′S] を入力すると，この現象は起こりません．

■ Step 2 時速に換算

共通 [÷] 24 [=]

答：20.09902263 km/h

A5. $57°17'44.81''$

fx-JP500 180 [÷] [π] [=] [° ′ ″]

EL-509T 180 [÷] [π] [↔DEG]

NOTE 1 rad は，度に換算すると約 57° です．これは暗記してください．

A6. 3.26×10^3 ly

NOTE p.127 に「1 pc が 3.26 光年」，「年周視差と距離が反比例」とあります．したがって，年周視差が 10^{-3} arcsec なら距離は 3260 光年です．実際に，この範囲に存在する恒星までの距離が計測され，それより遠い恒星までの距離を測るのに役立つ貴重なデータが蓄積されました．

Column 物理定数は覚えよう

本書ではなるべく出てこないよう配慮していますが，物理の計算には物理定数がつきものです．物理定数とは，私たちの住むこの宇宙で普遍かつ不変の物理量を表したものです．代表的なものは**真空中の光速度** c で，

$$c = 299792458\,\mathrm{m/s} \tag{7.12}$$

です．小数点以下はどうなっているかというと，**真空中の光速度に小数点以下はありません**．あえていうなら，.0000000･･･ と無限にゼロが続きます．なぜなら，これが 1 m の定義のもとになっているからです．「長さ」はあらゆる物理量の基本となる量ですから，光速度 c は現代の物理学においてもっとも基本的な物理定数ということになります．物理学，応用物理学を志す皆さんはぜひ，9 桁の精度で暗記してください．

さて，そのほかに代表的な物理定数には何が

あるでしょうか．これは，皆さんの専門分野に大きく依存します．物理定数など知らなくても困らない分野もあるかもしれません．一方，関数電卓の上位機種は，物理定数をキー操作でよび出すことができますが，多くのキー操作を要することから私はほとんど使っていません．代わりに，**表 7.1** の物理定数は 3 桁の精度で暗記しています．

あとは，標準状態の気体 1 mol の体積 22.4 L，重力加速度の大きさ 9.8 $\mathrm{m/s^2}$ も，物理定数ではありませんがよく使われます．金属の電子密度が $10^{29}\ \mathrm{m^{-3}}$ とか，大気 1 $\mathrm{m^3}$ の質量が 1.2 kg といった数字も，知っておけば役に立ちます．

ほかに，私は「光速度で進むと 1 ns あたり 30 cm」とか，「波長 1 μm のフォトンエネルギーはおよそ 1.2 eV」など，自分の専門分野に関する定数も記憶していますが，それというのも，いろいろな「フェルミ推定」問題に近似解を出すのに必要な知識だからです．学生の皆さんは，自分の専門分野をもったら，なるべく関連する多くの定数を覚えることをお勧めします．

表 7.1　代表的な物理定数

定　数	一般的記号	大きさ (SI)	単位 (SI)	備　考
真空中の光速度	c	299,792,458	[m/s]	この世の絶対的最高速度．これだけは 9 桁の精度で覚えよう．
プランク定数	h	6.63×10^{-34}	[J · s]	量子力学の基本定数．「測定の不確定性」と結びついた定数．
ボルツマン定数	k k_{B}	1.38×10^{-23}	[J/K]	熱統計力学の基本定数．熱とエネルギーを結びつける．
万有引力定数	G	6.67×10^{-11}	[$\mathrm{Nm^2/kg^2}$]	万有引力で二つの質量が引き合う力の大きさを規定する定数．ニュートン力学で導入されたが，一般相対性理論の基本定数でもある．
真空の誘電率	ε_0	8.85×10^{-12}	[F/m]	電磁気学の基本定数．
真空の透磁率	μ_0	1.26×10^{-6}	[H/m]	
アボガドロ数	N_{A}	6.02×10^{23}	[1/mol]	「1 モル」の定義．
気体定数	R	8.31	[J/(mol · K)]	$N_{\mathrm{A}}k_{\mathrm{B}}=R$．
素電荷	e	1.60×10^{-19}	[C]	電荷の最小単位．電子 1 個の電荷量．
電子の質量	m_{e}	9.11×10^{-31}	[kg]	

Column　関数電卓を取り出す前に

関数電卓はたしかにいろいろな計算に使えます．しかし，あまりに頼りすぎると頭が錆びついてしまいます．今回は，関数電卓を取り出すまでもなくできる近似計算を，いくつか紹介しましょう．

1. 角度 θ が小さいときの $\sin\theta \approx \theta$，$\tan\theta \approx \theta$

角度が小さいとき，上記の近似が成り立ちます．ただし，この近似が通用するのは角度が [rad] 表記のときだけなので注意が必要です．0.2 [rad]（約 11°）のときの誤差が 0.5% 程度なので，それ以下なら十分実用的です．どういうときに使うかというと，**図 7.4** のような状況で D を求めるとき，$D = L\theta$ とやるわけです．光学の分野ではウンザリするほど出てきます．

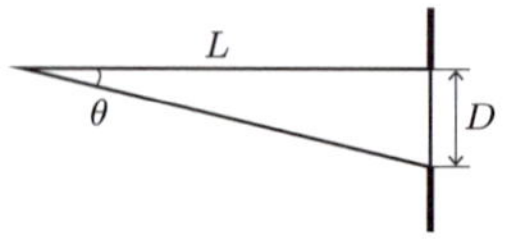

図 7.4　$\tan\theta \approx \theta$ の近似を使う．

2. ax が 0 に近いときの $e^{ax} \approx 1 + ax$

e^{ax} を $x = 0$ のまわりでテイラー展開（→p.32）すると $1 + ax/1! + a^2x^2/2! + \cdots$ ですから，ax が 0 に近ければ，高次の項が無視できて，$e^{ax} \approx 1 + ax$ です．意外に，皆さん気づかずにこの近似を使っているのですよ．たとえば，「1 枚あたり 4% の損失をもつ窓ガラスを 3 枚通すと損失は何 % か？」という問題，12% と答えてしまいそうですが，ランベルト - ベールの法則で正確に計算すると，

$$e^{-\alpha L} = 0.96 \to -\alpha L = 4.08 \times 10^{-2}$$
$$e^{-3\alpha L} = e^{-0.1225} = 0.8847 \qquad (7.13)$$

となり，損失は 11.53% です．この近似の適用範囲は $ax < 0.1$ くらいでしょうか．上の問題は $ax = 0.12$ で誤差 4% です．

3. 1 に比べ x が小さいときの $(1+x)^n \approx 1 + nx$

いろいろなヴァリエーションがあります．たとえば，

$$(1+x)^2 \approx 1 + 2x \qquad (7.14)$$

$$\sqrt{(1+x)} \approx 1 + \frac{1}{2}x \qquad (7.15)$$

$$\frac{1}{\sqrt{(1+x^2)}} \approx 1 - \frac{1}{2}x^2 \qquad (7.16)$$

などで，基準点からのわずかな変位（**摂動**）を数式で扱うときによく出てきます．たとえば電磁気学では，動く電荷の相対論効果が磁場の正体であることを導くためにこの近似を使います．光学では，曲率半径 R が大きな球面鏡表面の，基準平面からの距離 Δ を計算するときにもこの式を使い，

$$\Delta \approx \frac{x^2}{2R} \qquad (7.17)$$

を得ます（図 7.5）．

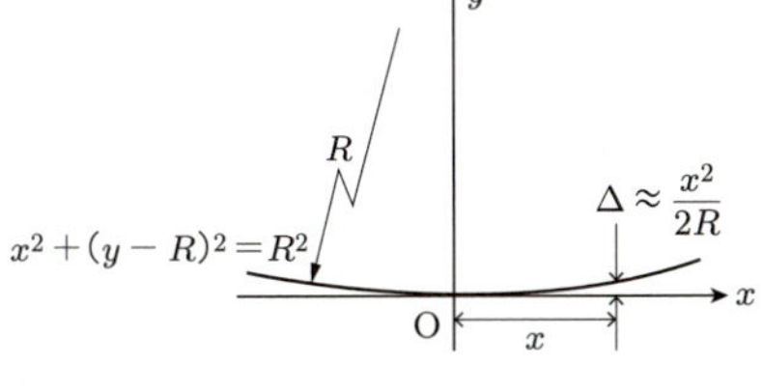

図 7.5　$(1+x)^n \approx 1 + nx$ の近似を使う．

4. $\log(2) \approx 0.3$, $\log(5) \approx 0.7$

大きな数の対数を知りたいとき，桁数だけでなくもう少し詳しい値が知りたいことがありますが，上の二つが手掛かりになります．たとえば，

$$\log(200000) = \log(100000) + \log(2)$$
$$\approx 5 + 0.3 = 5.3 \qquad (7.18)$$

です．$\log(2)$ と $\log(5)$ は，それぞれおよそ 1/3，2/3 ですから，1 と 10 を対数軸で 3 等分すると，大体 2 と 5 のところに分割線が来ます．外国の通貨に「20 ドル」「2 ユーロ」のような額面が 2 で始まるものがあるのは，この合理性によるものです．抵抗の E6 系列（→p.96）と同じ思想ですね．日本の二千円札はどうして上手くいかなかったのでしょうか．

ついでに，$\log(2) \approx 0.3$ を変形すると $\log(2^{10}) \approx 3$ を得ます．意味は，「2 の 10 乗は 1,000 に近似できる」ということです．正確には $2^{10} = 1024$ ですね．

これにまつわるおもしろいエピソードがあります．コンピューターは 2 進数で計算を行っているため，大きな数も 2 進でまとめたほうが好都合です．そこで，慣習的に

2^{10} Byte = 1 KB（キロバイト）
（K は大文字を使うのが慣例）
2^{20} Byte = 1 MB（メガバイト）
2^{30} Byte = 1 GB（ギガバイト）
2^{40} Byte = 1 TB（テラバイト）

とよんできました．ところが，パソコン用のハードディスクを作っているメーカーは，10 進数で容量を計算しています．つまり，1 TByte = 10^{12} Byte です．どれくらいの差が出るのでしょうか．$2^{40} = 1.0995 \times 10^{12}$ ですから，10% も開いています．したがって，パッケージに「2 TB」と書かれたハードディスクを買ってきてパソコンにつなぐと，容量は「1.81 TB」になるわけです．昔，アメリカの消費者が「詐欺だ」といって集団訴訟を起こし，メーカーが負けたそうです．さすがは訴訟大国アメリカ．

Chapter 08
n 進数

現代の情報社会を支えるコンピューター，これらはすべて 2 進数を用いて情報を処理しています．ビット，バイトという単位も，もはや専門用語ではなくなりました．身近なところでは，USB メモリーの容量の単位には「ギガバイト」が使われます．本節では，関数電卓で 2，8，16 進を扱う **n 進計算機能**について，実例を交えながら説明します．まずは，いままで n 進計算に親しんでこなかった方のために，2，8，16 進数の入門からスタートしましょう．

ただし，n 進計算は利用される機会がほかの科学技術計算に比べ少なく，コンピューターの内部処理が関係しない分野ではまず必要のない機能です．本章は，これからすぐ 2，8，16 進数を使う機会がないと思われる方は，とりあえず飛ばしてもかまいません．

8.1 ・・・ 2 進数とは

われわれが普段 10 進数を使っているのは指の数が 10 本あるからですが，コンピューターはすべて **2 進数**をベースにして動作しています．2 進数は，あらゆる数を「0」と「1」だけを使って表現します．コンピューターに 2 進数が使われる理由は，コンピューターがスイッチの on か off というデジタル回路で動作しているからで，これを 2 進数の「0」「1」に置き換えると大変都合がよいからです．

2 進数の，正の整数の数え方のルールを**表 8.1** に示します．何となくルールはわかりましたか？ もっと大きい数，たとえば 10 進数の 100 は，2 進数では「1100100」です．

表 8.1　2 進数のルール

10 進数	0	1	2	3	4	5
2 進数	0	1	10	11	100	101

2 進の 1 文字は**ビット** [bit] とよばれます．この世でもっとも小さい情報は，一つのビットが「0」か「1」かというもので，ビットは情報理論の分野では原子に等しい存在です．

8.2 ・・・ 8 進数，16 進数

2 進数表現は桁数が大きくなりがちで，直感的に数の大きさがわかりにくく，人間とコンピューターが対話するのに障害となります．そこで，**8 進数**，**16 進数**が生まれました．8 進数は「01234567」の 8 個，16 進数は「0123456789ABCDEF」の 16 個のシンボルで数を表

現する表記法です．

2 進から 8 進または 16 進への変換，あるいはその逆は簡単です．8 進から説明しましょう．例として，2 進の 101001010110111000 を 8 進に変換します．まず，2 進表現を 3 bit ずつに区切り，3 bit ごとに 0〜7 に変換していきます．

$$\begin{array}{cccccc} 101 & 001 & 010 & 110 & 111 & 000 \\ 5 & 1 & 2 & 6 & 7 & 0 \end{array} \tag{8.1}$$

できた数列「512670」が，同じ数を 8 進で表したものになります．逆変換はこの逆の過程で行います．

16 進の場合は 4 bit ごとに区切ります．そして，4 bit ごとに 0〜F に変換していけば，16 進表現のでき上がりです．

$$\begin{array}{ccccc} 10 & 1001 & 0101 & 1011 & 1000 \\ 2 & 9 & 5 & \mathrm{B} & 8 \end{array} \tag{8.2}$$

コンピューターは，2 進数を 8 bit の倍数ごとに区切って処理することがとても多く，8 bit を 1 **バイト** [Byte] とよびます．1 Byte の 2 進数列を 16 進で表すとちょうど 2 桁になるので，コンピューター関連技術では，8 進数に比べて 16 進数のほうが圧倒的に多く使われます．

例題 8.1　1 Byte で表せる最大の整数 FF を 10 進で表すといくつか．関数電卓の n 進機能を用いずに計算せよ．

解答　n 進の概念を理解する問題なので，自分で考えて計算します．10 進の 10 の位は，1 の位の 10 倍の価値があります．類推すれば，16 進の 2 桁目には 16 倍の価値があることになります．F は 10 進の 15 ですから，

共通　15 × 16 + 15 =　　答：255

16 進 2 桁で表せる最大の数は，10 進の 255 とわかります．

さて，たとえば数「10」がいくつかは，2 進，8 進，16 進のいずれかにより異なってきます．したがって，これが何進数で表されたものかを区別する表記が必要になります．

n 進を表すルールはいくつかありますが，本書では，以下のように 2 進は「b」(binary)，8 進は「o」(octal)，10 進は「d」(decimal)，16 進は「h」(hexadecimal) と数字に続けて書くことで区別することにします．10 進数の 109 をほかの進数で表してみましょう．

2 進：1101101b　8 進：155o　10 進：109d　16 進：6Dh

ここで，16 進数の ABCDEF は必ず大文字で表記すると約束しましょう．したがって，15d は 10 進の 15 です．

8.3 ••• 負数の表し方

コンピューターが情報を処理する仕組みを図 8.1 に図解します．情報はハードディスクなどの外部記憶装置に入っていて，それがケーブルに乗ってメモリーに送られ，基板上の配線に乗って最終的には中央演算装置（CPU）に送られ，そこで適切な処理を受けます．コンピューター内部ではプログラムもデータも，音楽も画像も，すべて 2 進数で表されています．そして，データの移送や処理はバイト単位，あるいは複数バイトをまとめて行います◆1．

コンピューターが何バイトをひとまとめにするかは，CPU のレジスター幅により異なってきます．**レジスター**とは CPU 内部のメモリーのことで，現在のパソコン用 CPU の主流は，レジスター幅が 64 bit（8 Byte）です．ここでは，説明をわかりやすくするため，16 bit（2 Byte）の CPU を例にとります．レジスターの幅は，たとえるなら道路の広さで，技術の進歩とともに倍々に広がってきました．世界初の 1 チップ CPU（1971 年）は 4 bit，16 bit の全盛期は 1980 年代です．

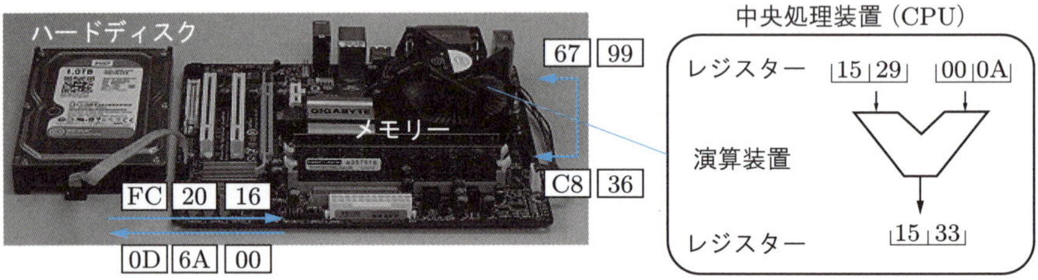

図 8.1 コンピューター内部のデータ処理の流れ

レジスター幅が 2 Byte の CPU は，0 から 65,535 までの整数を扱うことができます．これを，$-32,768$ から $+32,767$ までに割り当てます．そして，マイナスの数は表 8.2 のように表します．これを**補数表現**といいます．

表 8.2 補数による負数の表現

10 進数	16 進数
−1	FFFF
−2	FFFE
−3	FFFD
−4	FFFC

補数表現の最大のメリットは，「引き算が足し算で実行できる」という点です．たとえば，

$$\begin{aligned} 1\text{d} - 3\text{d} &= 0001\text{h} + \text{FFFDh} \\ &= \text{FFFEh} \\ &= -2\text{d} \end{aligned} \tag{8.3}$$

◆1 ハードディスクと基板の間は bit 単位で送ります（Serial ATA 規格）．

です．補数のとり方は，「全ビットを反転して 1 を足す」という単純な手順なので，このほうが専用の「減算回路」をもつより合理的なのです．具体的に，「−3d」の補数をとってみましょう．わかりやすいように 2 進で表現します．

$$\begin{array}{lllll} 0000 & 0000 & 0000 & 0011\text{b} & 3 \\ 1111 & 1111 & 1111 & 1100\text{b} & \text{ビット反転} \\ 1111 & 1111 & 1111 & 1101\text{b} & 1\text{ を足す} \\ \quad\text{F} & \quad\text{F} & \quad\text{F} & \quad\text{Dh} & 16\text{ 進で表す} \end{array} \tag{8.4}$$

たしかに，**表 8.2** の「−3d」に一致しました．答が正になる計算の場合は桁あふれがでてしまいますが，これは無視する，という約束にします．すると，どんな組み合わせでも 2 Byte の範囲では正しい答が得られます．

補数表現のもう一つのメリットとして，最上位のビットが 1 か 0 かが符号の「+」,「−」の**フラグ**[◆2]として利用できるため，正負の判定が楽という点が挙げられます．

関数電卓でも，n 進モードで答が負になる計算をすると，補数表現の解が返ってきます．ここで，解が何バイトで表現されるかは機種により異なるので，8.4 節の機種別操作方法を参照してください．

8.4 ••• n 進計算の操作法

n 進についての理解が深まったところで，関数電卓による n 進計算の方法について解説します．関数電卓の n 進計算法は，伝統的に CASIO と SHARP で大きく異なっていて，現行最新機種の fx-JP500，EL-509T にもその思想が受け継がれています．本節では，それぞれの機種の操作キー，基本的操作方法を別々に解説します．fx-JP500 については次の 8.4.1 項を，EL-509T については 8.4.2 項 （→p.136）を見てください．

8.4.1 • CASIO fx-JP500

fx-JP500 は，n 進計算は「n 進計算モード」に入って行います．MENU キーを押すと各種計算モードへの切り替え画面が現れます（図 8.2）．n 進モードへの切り替えキーは 3 です．

n 進モードへの切り替え

n 進計算モード　MENU 3

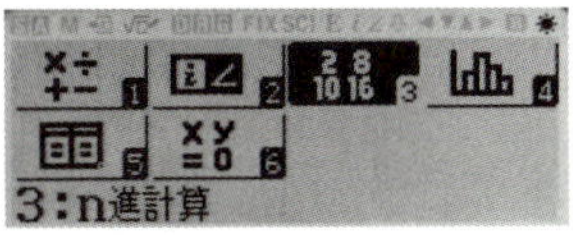

図 8.2　fx-JP500 のモード切り替え画面

◆2　ゲーム用語の「フラグが立つ」というのは，これが語源です．

通常計算モード　MENU 1

n 進モードでは，ファンクションキーの青い文字，DEC HEX BIN OCT が有効になり，その下のメモリーキー（A ～ F）は 16 進の A から F を入力するために使います（図 8.3）．いずれも，SHIFT あるいは ALPHA キーを押す必要はありません．

図 8.3　fx-JP500 の n 進入力・変換キー

n 進モードでは，これから入力する進数を DEC（10 進）HEX（16 進）BIN（2 進）OCT（8 進）キーで指定します．現在の進数は表示部 1 行目の左上に表示されます（図 8.4）．またこれらのキーは，入力された数値を進数変換するためにも使われます．16 進の負数は 4 Byte の補数で表現します．

図 8.4　入力を 16 進モードに切り替えて，ABCDEF を入力したところ．

計算例

■ 9Bh を 10 進数に変換

fx-JP500　HEX 9B = DEC　答：155d

■ 11011001b を 16 進数に変換

fx-JP500　BIN 11011001 = HEX　答：000000D9h

■ 続いて，10h−2Ah を計算

fx-JP500　10 − 2A =　答：FFFFFFE6h

■ 答を 2 進数に変換

fx-JP500　BIN　答：1111 1111 1111 1111 1111 1111 1110 0110b

NOTE　答は 32 bit の 2 進数ですが，2 行に分けて表示されます．

8.4.2 • SHARP EL-509T

EL-509T には，はっきりとした「n 進計算モード」はありません．通常計算モードの機能の一つとして n 進が位置づけられています．たとえば，数式エリアに置いた数値を 16 進表示したければ，× キーの裏の →HEX キーを押します（図 8.5）．→BIN は 2 進数，

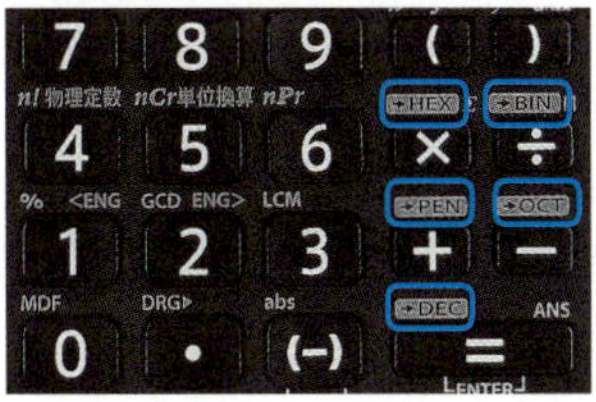

図 8.5　EL-509T の n 進入力・変換キー

→OCT は 8 進数，→PEN は 5 進数です．これは，数式エリアに数式が表示されている場合も同じで，解を確定してから n 進に変換します．その際，小数は無視され，整数のみが変換の対象です．思想としては，度分秒への変換キー ↔DEG に近いものです．

いったん n 進変換キーを押すと進数モードが切り替わり，以降の入力は指定された進数と判断されます．そして，解表示部の左に現在の進数モードが現れます（図 8.6）．n 進モードでは，通常の関数は使えません．そのかわり，A ～ F が 16 進入力キーとなり，ALPHA なしで入力できます．

図 8.6　入力を 16 進モードに切り替えて，ABCDEF を入力したところ．

通常の計算モードに戻すには，HOME キーを押すか，または入力を 10 進モードに切り替えます．操作は = の裏の →DEC です．

考え方としては，→HEX →OCT →BIN を n 進切り替えキー，→DEC を元に戻るキーと考えたほうがわかりやすいかもしれません．16 進の負数は 5 Byte の補数で表現します．

n 進モードへの切り替え

2 進入力・計算	→BIN
8 進入力・計算	→OCT
16 進入力・計算	→HEX
通常計算モード	→DEC

計算例

■ 9Bh を 10 進数に変換

EL-509T　→HEX 9B →DEC　　答：155d

■ 11011001b を 16 進数に変換

EL-509T →BIN 11011001 →HEX 答：D9h

■ 続いて，10h − 2Ah を計算

EL-509T 10 − 2A = 答：FFFFFFFFE6h

■ 答を 2 進数に変換

EL-509T →BIN 答：11 1110 0110b

NOTE EL-509T は，2 進数で扱える数は最大 10 bit で，負数は 10 bit の補数で表されます．したがって，2 進モードで表現できる数は −512d から +511d までに制限されます．

8.5 ••• Web ページの色コード

n 進変換機能を使う具体的問題の例として，Web ページの色コードをとりあげます．ただし，機種ごとの具体的な操作手順は示しませんので，8.4 節を見てチャレンジしてみてください．

例題 8.2 ある Web ページの背景色は 16 進の 3 Byte で，

background-color: #98AEFC

と指定されていた．同じ色を Microsoft PowerPoint で再現したい．PowerPoint の色作成パレットは図 8.7 のようなもので，入力は 10 進数である．赤 (R)，緑 (G)，青 (B) の値を計算せよ．

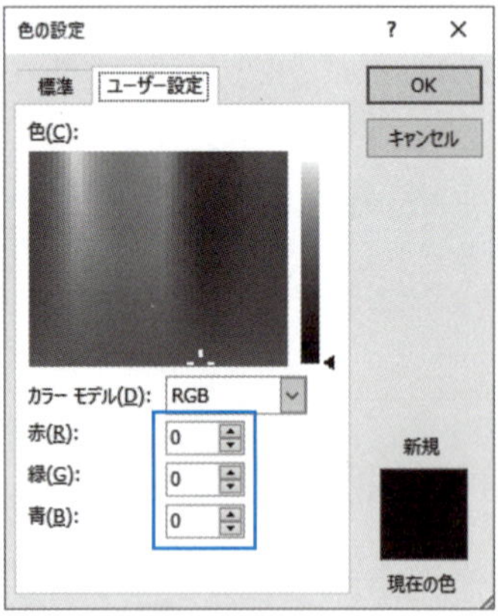

図 8.7 MS PowerPoint で自由な色を合成するパレット

解答 インターネット上の Web ページは，HTML という一種のプログラミング言語で書かれています．Web ページのソース（プログラム）はブラウザーで確認することができます．Google Chrome ならデベロッパーツール (ショートカットキーは Shift+Ctrl+I)

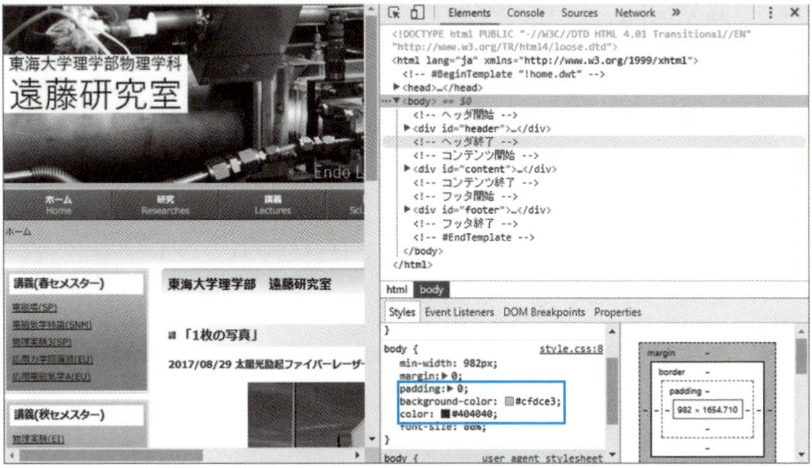

図 8.8　Web ページのソースを表示した状態（Google Chrome）

でソースが表示されます．例として私の研究室のホームページ（http://teamcoil.sp.u-tokai.ac.jp）を紹介しておきます（図 8.8）．

現代では，多くの Web ページが Cascading Style Sheet（CSS）といわれるスタイルシートをひな形にして，表示のスタイルを決定しています．CSS ファイルでは，背景色は「background-color: #(16 進 3 Byte)」の形で指定されています．3 Byte の値は左から赤 (R)，緑 (G)，青 (B) の強さで，000000 が黒で FFFFFF が白です．FF0000 なら赤ですね．したがって，Web ページで使うことのできる色のヴァリエーションは，16 進 3 Byte で

$$\mathrm{FFFFFFh} = 16777215\mathrm{d} \tag{8.5}$$

となります[3]．

目的とする色は，色コード 98AEFCh です．したがって，R，G，B の値は

$$98\mathrm{h} = 152\mathrm{d} \quad \mathrm{AEh} = 174\mathrm{d} \quad \mathrm{FCh} = 252\mathrm{d}$$

です．これを MS PowerPoint で再現してみましょう．適当な四角を描いて，色を指定します．ここで「その他の色 (M)...」をクリック，「ユーザー設定」を選ぶと図 8.7 のようなカラーパレットが現れます．あとは，上で計算した色を RGB それぞれのボックスに入力すれば，同じ色が再現されます．

◆3　正確には 000000h（黒）も数えて 16,777,216 色です．

章末問題

Q1. 7ABCh − 1380h を計算せよ.

Q2. 3598d を 2, 8, 16 進に変換しなさい.

Q3. 16 進 4 Byte で表せる正負の最大の数は, 10 進数でいくつか.

Q4. 各色 8 bit で 98AEFCh と表現される色は, 各色 10 bit なら 16 進でどのように表現されるか.

HINT 各色 10 bit とは, 各色の最大の強さが 11 1111 1111b で表現されるということです. 8 bit 色を 10 bit 色に変換するには, 2 進で表された各色の右端にゼロを 2 個足します.

章末問題解答

A1. 673Ch

fx-JP500 MENU 3 HEX （モード切り替え）
7ABC − 1380 =

EL-509T →HEX （モード切り替え）
7ABC − 1380 =

A2. 3598d = E0Eh = 7016o = 111000001110b

fx-JP500 MENU 3 （モード切り替え）
3598 = HEX OCT BIN

EL-509T 3598 →HEX （モード切り替え）
→OCT →BIN

NOTE EL-509T は, 2 進変換は桁あふれでエラーになります.

A3. −2147483648〜+2147483647

fx-JP500 256 $x^{\blacksquare}$ 4 → ÷ 2 − 1 =

EL-509T 256 y^x 4 → ÷ 2 − 1 =

NOTE 符号を考えないとき, 16 進 n Byte で表せる最大の整数は 256^n です. 符号付き整数は, それを正負に半分ずつ分け, 正の数の範囲は最上位ビットが 1 にならない最大の数なので, そこから 1 を引きます. 負数は整数より 1 多い範囲が定義されます.

A4. 2602B83F0

fx-JP500 MENU 3 HEX （モード切り替え）
98 × 4 = 答：00000260
AE × 4 = 答：000002B8
FC × 4 = 答：000003F0

EL-509T →HEX （モード切り替え）
98 × 4 = 答：260
AE × 4 = 答：2B8

FC [×] 4 [=]　　答：3F0

NOTE 8 bit 色を 4 倍することは，2 進ではゼロを 2 個足したことと等価です．変換された色は 4 の倍数になりますが，その間を埋める 3 色が 10 bit で増えた表現力になります．

Column　入力を省力化しよう

関数電卓には，入力の手間が省けるよう，いくつかの「省略のルール」があります．すでに，あちこちでその一部に言及していますが，ここでまとめてみましょう．

1. 1/2 の代わりに「.5」

1/2 という数値は物理の公式に頻繁に登場します．しかし関数電卓では，これを「0.5」としてもまったく同じ結果になります．さらに，最初のゼロは省略可能ですから，入力は [.] [5] の 2 キーです．「自然表示」の関数電卓は，つい分数を使ってしまいがちですが，多くの場合で小数のほうが断然効率的です．

2. 乗算記号 [×] の省略

「数式通り」電卓では，2π，3A など数値の後ろに記号や定数が付く場合，$2\sqrt{2}$ や $2\sin(0.5)$ のように数値の後ろに関数がくる場合，開き括弧の直前など，通常の数式表現で × が省略できるところでは省略可能です．ただし，$(2/3)\ln(2)$ の場合，2 [÷] 3 [ln] 2 と入力すると，意図と異なる $2/\{3\ln(2)\}$ という解釈になってしまいます．これは，「省略された乗算記号の結合は割り算より強い」というルールによるものです．こういう場合は括弧を使ってください．

3. 分数の使い所

分数の両端には見えない括弧があるため，[÷] なら括弧が必要な上のような計算も，括弧を使わず計算できます．頭は使いようですね．上の計算は，割り算なら

共通　[(] 2 [÷] 3 [)] [ln] 2 [=]

ですが，分数なら

fx-JP500　[□/□] 2 [↓] 3 [→] [ln] 2 [=]
EL-509T　[a/b] 2 [↓] 3 [→] [ln] 2 [=]

答：0.4620981204 | 0.46209812

です．さらに，分数の入力には裏技があり，2/3 は割り算と同じ 2 [□/□] [a/b] 3 の手順で打つことができて，これで [↓] が省略できます．

4. ラストアンサーキーの省略

「数式通り」電卓で，解が表示された状態でいきなり [+] [−] [×] [÷] などの演算子キーを押すと，自動的にラストアンサー「Ans」が挿入されます．ここで注意すべきは，数式冒頭でマイナスの数を入力しようとして [−] を使うと，この機能が意図せず発動してしまう点です．たとえば，以下の操作で $1+1$ の次に $-1+1$ を計算してみましょう．

共通　1 [+] 1 [=]　　答：2
共通　[−] 1 [+] 1 [=]　　答：2

最初の [−] を入力したところで，表示が「Ans−」になり，解が意図した「0」になりません．「fx-JP500 でも [(−)] と [−] は厳密に区別せよ」というのは，この問題があるからなのです．

次に，解が表示された状態から関数を，たとえば，[sin] [=] と入力します．すると，表示は sin(Ans) となり，この場合もラストアンサーが自動的に挿入されます．これは，「標準電卓」との後方互換を重視した UI で，「自然表示」の関数電卓にとっては裏技的テクニックですが，[Ans] キーが裏にある EL-509T ではとくに有効です．

[関数] [=] は，その性質上，領域型関数には通用しないのが原則です．しかし EL-509T は，SHARP の伝統にならって後方互換を重視しており，多くの領域型関数で [関数] [=] が使用可能です．表 8.3 は，両機の [関数] [=] が使用可能な関数を比較したものです．

5. 閉じ括弧の省略

括弧が開いたままの計算も，最後に [=] を押せば，自動的に閉じ括弧を補って計算が行われます．たとえば，以下のとおりに入力してみてください．

表 8.3 ［関数］ = による省略が利用できる関数，できない関数

	fx-JP500	EL-509T
三角関数	○	○
$\sqrt{\ }$, $\sqrt[3]{\ }$	×	○
10^x, e^x	×	○
x^{-1}, x^2, x^3	○	○
log, ln	○	○
!	○	○

NOTE 領域が複数ある関数は，両機とも［関数］ = でエラーとなる．

共通 (1 + (1 + (1 + (1 + (1 + (1 =

答：6

正しい答「6」が得られるはずです．fx-JP500 は後置型関数のキーを押すと自動的に開き括弧が現れますが，単純な sin ［角度］ = という計算なら閉じ括弧は不要です．ただし，$\sin(30°) + \cos(30°)$ のような計算は，

fx-JP500 sin 30) + cos 30 =

のように，一つ目の関数はきちんと括弧を閉じてやらなくてはなりません．また，分数の中は「数式の最後」とはみなされず，閉じ括弧を省略すると文法エラーとなります．

Chapter 09
座標変換

本章では，関数電卓の座標変換機能について解説します．第 4 章では，2 次元の座標系には点の位置を (x, y) で表すデカルト座標，(r, θ) で表す極座標があること，三角関数がそれらの相互変換に用いられることを学びました．

本章で学ぶ座標変換機能は，端的にいってしまえば，三角関数で行う計算を自動化したものにすぎません．したがって，座標変換を頻繁に行う必要がなければ，わざわざこの機能の使い方を覚える必要もなく，三角関数を使えばよいのです．本章の力点は，座標変換機能が便利と思えるような応用は何か，そして関数電卓をどのように活用するのかという点に置きたいと思います．

9.1 ••• デカルト座標と極座標

一般に，n 次元空間の点を一意に示すには，n 個の座標が必要なことが証明されています．したがって，2 次元なら座標は二つ必要なわけですが，この二つがどのような量であるべきかにはかなりの任意性があります．しかし，実用的なものは，以下に述べる**デカルト座標**と**極座標**に限られるでしょう．

図 9.1 に，デカルト座標および極座標で示した 2 次元平面上の点 P を示します．デカルト座標は，直交する 2 本の直線，x 軸と y 軸を定め，P 点から x 軸，y 軸それぞれに下ろした垂線の位置を x 座標，y 座標とするものです．一方，極座標は，基準となる軸（一般には x 軸）を決め，原点から P 点へ引いた直線の長さ r と，基準軸から測った角度 θ の組で P 点の座標を表します．

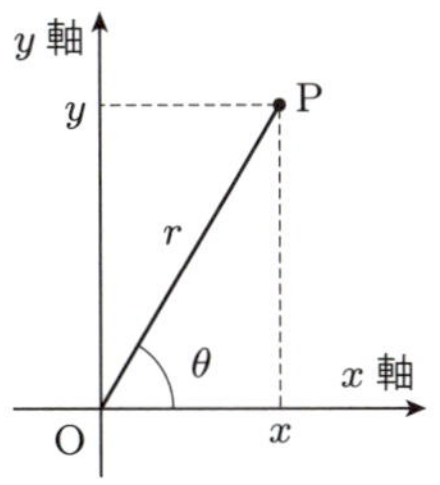

図 9.1　デカルト座標 (x, y) と極座標 (r, θ)

あらゆる問題はどのような座標系で記述しても同等であることが証明されていますが，これらがよく使われるのには理由があります．一例を挙げると，デカルト座標で記述した運動は，単位ベクトルの時間微分がゼロのため，多くの運動で運動方程式が x 成分，y 成分に分離されます．一方，極座標は，運動が原点から一定の距離に拘束されるような場合は，運動が 2 次元にもかかわらず 1 変数で記述が可能です．したがって，座標系は，問題の性質によって適宜最適なものを選びます．

測量の分野では，デカルト座標と極座標は両方よく使われます．古来，測量は，ある点から次の点までの「距離」と「方角」をつなぐ「三角測量」が主流でした．これは極座標の考え方です．測量でデカルト座標を使おうとすれば，土地の広さよりも広い範囲をカバーした x 軸，y 軸を定義しなければならず，現実的ではなかったためです．ところが近年，GPS やコンピューターの発達で，地球上の任意の点を (x, y) の組で表すことが容易になり，デカルト座標がよく使われるようになっています．それゆえ，極座標とデカルト座標の相互変換は，測量の分野では不可欠の計算となっています．

2 次元デカルト座標と極座標の相互変換は，4.2 節でも述べたように三角関数を使います．

デカルト座標 → 極座標

$$r = \sqrt{x^2 + y^2} \tag{9.1}$$

$$\theta = \tan^{-1}\left(\frac{y}{x}\right) \tag{9.2}$$

極座標 → デカルト座標

$$x = r\cos\theta \tag{9.3}$$

$$y = r\sin\theta \tag{9.4}$$

しかし，逆三角関数は多値関数（→p.44）で，デカルト座標から極座標への変換は解を吟味しなくてはならず，マイナスの座標が含まれる場合の変換は容易ではありません．したがって，座標に負数を含んでも気にせず自動変換してくれる座標変換機能が威力を発揮するわけです．

9.2 ••• 座標変換機能の使い方

まずは座標変換機能の使い方について学びます．座標変換機能もメーカーごとの設計哲学が色濃く反映され，本書で扱う両機も操作方法が異なります．説明は機種ごとに分けて行いましょう．fx-JP500 については次の 9.2.1 項を，EL-509T については 9.2.2 項（→p.145）を見てください．

9.2.1 • CASIO fx-JP500

座標変換には Pol ，Rec 関数を使います．これらの関数は (x, y) または (r, θ) を引数にとるので，二つの数値を , キーで区切って入力します．キーの配置を図 9.2 に示します．答は解表示エリアに 2 行で表示され（図 9.3），自動的にメモリー X，Y にも蓄えられます．

図 9.2　fx-JP500 の座標変換機能のキー Pol Rec ,

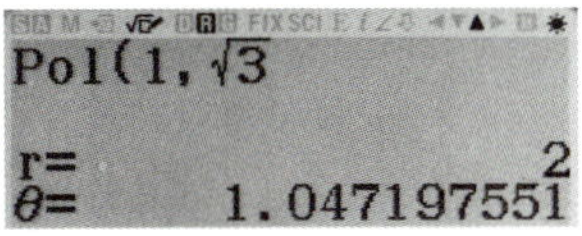

図 9.3　fx-JP500 の座標変換機能の結果表示

角度の単位は現在の角度モードに依存するので，計算前に必ず確認します．

■ 1. 極座標の $(2, 60°)$ をデカルト座標に変換

fx-JP500　deg　Rec 2 , 60 =　　答：$x = 1,\ \ y = 1.732050808$

■ 2. デカルト座標の $(1, \sqrt{3})$ を極座標（ラジアン）に変換

fx-JP500　rad　Pol 1 , √▢ 3 =　　答：$r = 2,\ \ \theta = 1.047197551\,\mathrm{rad}$

9.2.2 ● SHARP EL-509T

EL-509T の座標変換機能は，度分秒機能，n 進数機能と同様に「関数」ではありません．= や STO と同様，数式エリアに置かれた数値あるいは数式を確定し，解を表示する「機能キー」です．はじめに座標を x , y または r , θ の形で入力し，それから変換キー $\rightarrow r\theta$ $\rightarrow xy$ を押します．キーの配置を図 9.4 に示します．答は解表示エリアに 2 行で表示され（図 9.5），自動的にメモリー X，Y にも蓄えられます．角度の単位は現在の角度モードに依存するので，計算前に必ず確認します．

図 9.4　EL-509T の座標変換機能のキー $\rightarrow r\theta$ $\rightarrow xy$,

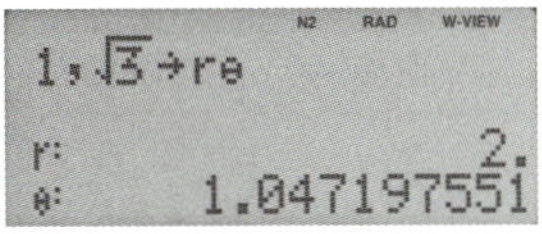

図 9.5　EL-509T の座標変換機能の結果表示

■ 1. 極座標の $(2, 60°)$ をデカルト座標に変換

EL-509T　deg　2 , 60 $\rightarrow xy$　　答：$x = 1,\ \ y = 1.732050808$

■ 2. デカルト座標の $(1, \sqrt{3})$ を極座標（ラジアン）に変換

EL-509T　rad　1 , √ 3 $\rightarrow r\theta$　　答：$r = 2,\ \ \theta = 1.047197551\,\mathrm{rad}$

9.3 ・・・ 座標変換を活用する問題

操作方法がわかったところで，関数電卓の座標変換機能が活躍する問題を二つ取り上げましょう．どちらも測量に関する問題です．**土地家屋調査士**という国家資格がありますが，試験には関数電卓の持ち込みが認められています[◆1]．出題は多岐にわたりますが，本節で出題するような座標点の算出，面積の計算が毎年出されており，これらを如何に効率よく解くかが合格の鍵です．これらの問題は，座標変換機能の使いこなしに加え，メモリーの活用が重要なポイントとなります．

9.3.1 ● 座標点の算出

例題 9.1　図 9.6 のように A 点および B 点から P 点を観測して夾角 $a = 50°$ および $b = 40°$ を得た．A 点の座標は $(2.0, 1.0)$，B 点の座標は $(1.6, 2.0)$ である（単位：[m]）．P 点の座標を求めよ．

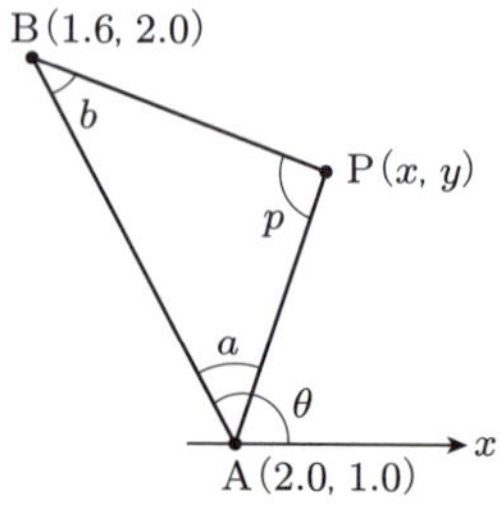

図 9.6　座標点の算出問題

解答　3 ステップで考えます．

Step 1　問題の見通しをよくするため，A 点を原点と考えます．すると B 点の座標は $(-0.4, 1.0)$ となります．ここで，B 点を極座標で表し，辺 AB の長さおよび θ を計算しておきます．答はメモリー X，Y に入ります．

$$\text{点 B}:(-0.4, 1) \to (r, \theta) \tag{9.5}$$

fx-JP500　[deg]　[Pol] [(−)] 0.4 [,] 1 [=]

EL-509T　[deg]　[(−)] 0.4 [,] 1 [→rθ]

答：$r = 1.077032961\,\text{m}$，$\theta = 111.8014095°$

Step 2　正弦定理（→p.54）を使えば，辺 AP の長さはわかります．角 $p = 90°$ は暗算でやってしまいましょう．また $\sin 90° = 1$ もわざわざ計算する必要はありませんね．

$$\text{AP} = \text{AB}\frac{\sin 40°}{\sin 90°} \tag{9.6}$$

共通　[X] [sin] 40 [=]　　答：0.6923034428 m ｜ 0.692303442 m

NOTE　[X] は「掛け算」でなく「エックス」です．

Step 3　AP の長さと $(\theta - a)$ を使い，P 点を極座標で表しておいて，これをデカルト座標に変換します．最後に，出てきた (x, y) の組に A 点の座標を加えればできあがり．

◆1　2018 年現在，EL-509T は持ち込み可能な関数電卓のリストに含まれていません．

$$\text{P 点}:(\text{Ans}, \text{Y}-50) \rightarrow (x, y) \tag{9.7}$$

$$(\text{P}_x, \text{P}_y) = (x, y) + (2, 1) \tag{9.8}$$

fx-JP500　Rec Ans , Y − 50 = + 2 =
EL-509T　, Y − 50 →xy + 2 =　　答：$x = 2.327133512\,\text{m}$

NOTE　EL-509T は，AP の長さがラストアンサーとして表示されているのでそれを利用します．両機とも，座標変換直後のラストアンサーはメモリー X の値です．活用しましょう．

共通　Y + 1 =　　答：$y = 1.610137462\,\text{m}$

9.3.2 ● 面積の計算

例題 9.2　図 9.7 に示される三角形の土地の面積を求めよ．各点の座標は右表のとおりである（単位：[m]）．

	x	y
P_1	10	10
P_2	20	9
P_3	15	25

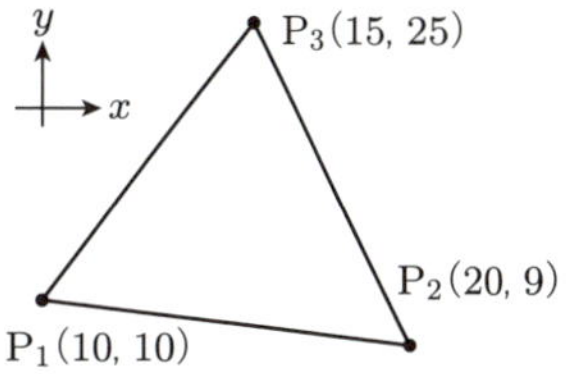

図 9.7　求積問題

解答　三角形の面積を求める方法はいくつかありますが，ここは 2 辺夾角の公式，

$$S = \frac{1}{2}ab\sin\theta \tag{9.9}$$

a，b：三角形の 2 辺の長さ，　θ：辺 a，b のなす角

が使えます．辺 P_1P_2，P_1P_3 の長さと夾角を求めるのに，デカルト → 極座標変換を使います．例によって，あらかじめ点 P_1 を原点に変換しておきます（右下の表）．

	x	y
P_1	0	0
P_2	10	−1
P_3	5	15

Step 1　P_1P_2 と θ_1 を求めます．答はメモリー A，B に入れておき，後で使います．

$$\text{点 P}_2:(10, -1) \rightarrow (r, \theta) \tag{9.10}$$

fx-JP500　deg　Pol 10 , (−) 1 = X STO A Y STO B
EL-509T　deg　10 , (−) 1 →rθ X STO A Y STO B
答：$\text{A} = 10.04987562\,\text{m}$，$\text{B} = -5.710593137°$

Step 2　P_1P_3 と θ_2 を求めます．

$$\text{点 P}_3:(5, 15) \rightarrow (r, \theta) \tag{9.11}$$

fx-JP500　Pol 5 , 15 =
EL-509T　5 , 15 →rθ　　答：$\text{X} = 15.8113883\,\text{m}$，$\text{Y} = 71.56505118°$

ここまでの操作で，メモリー A に辺 P_1P_2 の長さ，メモリー X に辺 P_1P_3 の長さ，メモリー B に θ_1，メモリー Y に θ_2 が入っています．ここで $\theta_1 < 0$ ですが，夾角 $P_3P_1P_2$ を求める計算は，$(\theta_1 + \theta_2)$ でなく $(\theta_2 - \theta_1)$ であることに注意してください．

Step 3　面積を計算します．

$$S = \frac{1}{2}(P_1P_2)(P_1P_3)\sin(\theta_2 - \theta_1) \tag{9.12}$$

fx-JP500　0.5 [A] [X] [sin] [Y] [−] [B] [=]

EL-509T　0.5 [A] [X] [sin] [(] [Y] [−] [B] [=]　　答：$77.5\,\mathrm{m}^2$

これが面積計算の基本です．ところが，多角形の土地の頂点のデカルト座標がすべてわかっているときには，もっと効率のよい方法があり，実際にこの方法が使われることはないようです．詳しくはコラム（→p.150）を参照してください．

章末問題

Q1．デカルト座標の点 $(-3, -4)$ を極座標に変換せよ．角度は [rad] 表記とする．

Q2．デカルト座標の点 $(2, 3)$ を，[deg] モードで極座標に変換せよ．その後，角度を [rad] に換算し，得られた (r, θ) の組をデカルト座標に再変換せよ．

Q3．図 9.6 に与えられた三角形の土地の面積を計算せよ．

Q4．平面上の四角形の土地の端点 P_1，P_2，P_3，P_4 を測量し，右表のような座標を得た（単位：[m]）．土地の面積を計算せよ．

	x	y
P_1	12.6	8.5
P_2	14.6	13.5
P_3	18.6	14.5
P_4	22.6	8.5

章末問題解答

A1．$r = 5,\ \theta = -2.214297436\,\mathrm{rad}$

fx-JP500　[rad]　[Pol] [(−)] 3 [,] [(−)] 4 [=]

EL-509T　[rad]　[(−)] 3 [,] [(−)] 4 [→rθ]

A2．

fx-JP500　[deg]　[Pol] 2 [,] 3 [=]

EL-509T　[deg]　2 [,] 3 [→rθ]　　答：$r = 3.605551275,\ \theta = 56.30993247°$

共通　[Y] [π] [÷] 180 [=]

答：$\theta = 0.9827937232\,\mathrm{rad}$ | $\theta = 0.982793723\,\mathrm{rad}$

fx-JP500　[rad]　[Rec] [X] [,] [Ans] [=]

EL-509T　[rad]　[X] [,] [Ans] [→xy]　　答：$x = 2,\ y = 3$

A3. $0.2855942484\,\mathrm{m}^2$ | $0.285594248\,\mathrm{m}^2$

fx-JP500 [deg] [Pol] 1.6 [−] 2 [,] 2 [−] 1 [=]

EL-509T [deg] 1.6 [−] 2 [,] 2 [−] 1 [→rθ]

答：$r = 1.077032961\,\mathrm{m}$，$\theta = 111.8014095°$

fx-JP500 0.5 [×] [sin] 50 [)] [sin] 40 [)] [X] [x^2] [÷] [sin] 180 [−] 50 [−] 40 [=]

EL-509T 0.5 [×] [sin] 50 [sin] 40 [×] [X] [x^2] [÷] [sin] [(] 180 [−] 50 [−] 40 [=]

NOTE P 点の座標を算出してから 2 辺夾角で面積を求めるのも一つの解ですが，手間が多くかかります．わかっている情報から直接面積を求めようと思ったら，正弦定理を用いて式変形をします．

$$S = \frac{1}{2}(\mathrm{PB})(\mathrm{PA})\sin p = \frac{1}{2}\sin b\frac{(\mathrm{AB})}{\sin p}\sin a\frac{(\mathrm{AB})}{\sin p}\sin p$$
$$= \frac{1}{2}\sin a \sin b\frac{(\mathrm{AB})^2}{\sin(180 - a - b)} \qquad (9.13)$$

A4. $39\,\mathrm{m}^2$

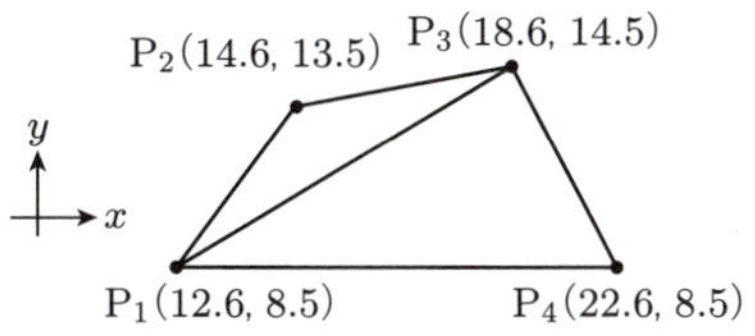

図 9.8 Q4 の図形

■ Step 1 三角形 $\mathrm{P_1P_2P_3}$ の面積を計算，メモリー C に代入

- $\mathrm{P_1P_3}$ を極座標に変換，r，θ をメモリー A，B に代入．

fx-JP500 [deg] [Pol] 18.6 [−] 12.6 [,] 14.5 [−] 8.5 [=] [X] [STO] [A] [Y] [STO] [B]

EL-509T [deg] 18.6 [−] 12.6 [,] 14.5 [−] 8.5 [→rθ] [X] [STO] [A] [Y] [STO] [B]

答：$r = 8.485281374\,\mathrm{m}$，$\theta = 45°$

- $\mathrm{P_1P_2}$ を極座標に変換．数式履歴を活用．

fx-JP500 [↑] [↑] [←] （7 回）[DEL] 3 [←] （10 回）[DEL] 4 [=]

EL-509T [↑] [↑] [←] （7 回）[BS] 3 [←] （10 回）[BS] 4 [→rθ]

答：$r = 5.385164807\,\mathrm{m}$，$\theta = 68.19859051°$

- 面積計算．結果はメモリー C に代入．

fx-JP500 0.5 [A] [X] [sin] [Y] [−] [B] [STO] [C]

EL-509T 0.5 [A] [X] [sin] [(] [Y] [−] [B] [STO] [C]

答：$9\,\mathrm{m}^2$

■ Step 2 三角形 $\mathrm{P_1P_3P_4}$ の面積を計算

$\mathrm{P_1P_3}$ はメモリー A，B に入っているのでそれを活用します．$\mathrm{P_1P_4}$ は角度 0，長さは 10 であることは自明なので計算しません．したがって，以下の操作で面積を計算します．

共通 0.5 [A] [×] 10 [sin] [B] [=]

答：$30\,\mathrm{m}^2$

■ Step 3　2 個の三角形の面積を合計

共通　+ C =　答：$39\,\mathrm{m}^2$

NOTE　多角形の面積は，対角線で複数の三角形に分割してそれぞれ計算，最後に合計するのが基本です．しかし，五角形以上でこれを行うのは大変な作業です．すべての座標点が知られているとき，どんな多角形でも面積が計算できる方法が知られています．詳しくは次のコラムを読んでください．

Column　面積計算の奥義

9.3.2 項では，三角形の面積公式を使い，座標点から面積を計算する方法を学びました．原理的には四角形，あるいは任意の多角形も，三角形に分割すれば同じ方法が使えます．しかし，実際の測量でこの方法が使われることはまずありません．それは，どんな多角形でも簡単に面積が計算できる，魔法のような公式が知られているからです．

いま，平面上に点 $\mathrm{P}_1, \mathrm{P}_2, \ldots, \mathrm{P}_n$ が定義されており，それぞれの x，y 座標が x_i，y_i とすると，面積は以下の公式で求められます．

$$S = \frac{1}{2}\left| x_1 (y_n - y_2) + x_2 (y_1 - y_3) + x_3 (y_2 - y_4) + \cdots + x_n (y_{n-1} - y_1) \right| \tag{9.14}$$

ポイントは，ある x_i に掛かるのは「一つ前」の y 座標から「一つ後」の y 座標を引いたもの，というところです．x_1 と x_n は例外になりますが，それぞれ y_n，y_1 を利用します．絶対値が付くのは，$\mathrm{P}_1, \mathrm{P}_2, \ldots, \mathrm{P}_n$ がどちらまわりに定義されているかによって面積がマイナスになることがあるためです．

なぜ，この方法で面積が求められるのでしょうか．実は，この方法は積分の「台形公式」を巧みに利用しています．いま，図 9.9 のような五角形があったとしましょう．P_1 から P_3 まで上側を通って積分するとき，面積は $S_1 + S_2$ で，台形公式でそれぞれ

$$S_1 = \frac{1}{2}(x_2 - x_1)(y_2 + y_1),$$

$$S_2 = \frac{1}{2}(x_3 - x_2)(y_3 + y_2) \tag{9.15}$$

となります．つぎに，今度は P_3 から P_1 まで下側を通り積分します．すると面積は $-(S_3 + S_4 + S_5)$ となります．これらを全部足すと，上側のルートと下側のルートに囲まれた五角形の面積が抜けるように求まる，というわけです．さらに，隣どうしの台形公式は変数に重なりがあるので，足すといくつかの項が上手く消えます．たとえば，S_1 と S_2 を整理すると

$$S_1 + S_2 = \frac{1}{2}\left\{ -x_1 y_1 - x_1 y_2 + x_2 (y_1 - y_3) + x_3 y_3 + x_3 y_2 \right\} \tag{9.16}$$

となり，$x_2 (y_1 - y_3)$ が現れ $x_2 y_2$ の項が消えます．これをすべての S_i について行うと，次々に $x_i y_i$ の打ち消し合いが起こり，残るのは式 (9.14) になるというわけです．何とも上手い方法ですね．第 9 章の章末問題 Q4 で試してみてください．

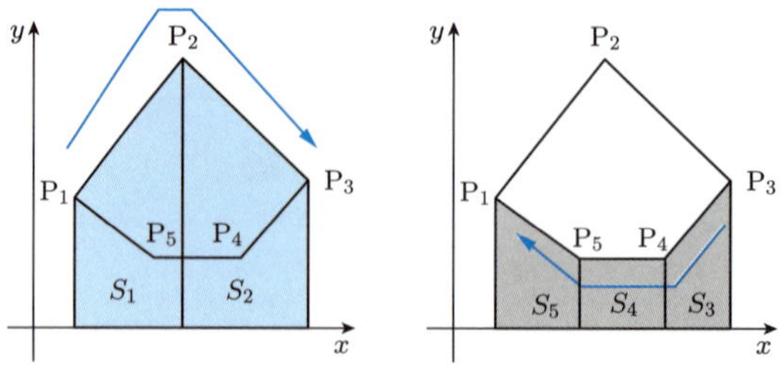

図 9.9　平面多角形の求積公式

Chapter 10
複素数

複素数とその関数は，理学・工学の大変重要な位置を占めています．たとえば電気工学や機械工学の分野では振動現象を複素関数で解き明かし，量子力学の分野では複素数で記述されています．複素数とその関数，そしてその応用を理解させることが，大学の理工系学部の主要な責務の一つである，と私は思っています．

一方で，大学のカリキュラムにおいて，関数電卓で複素数を扱うことはまずありません．理由の一つとして，関数電卓でできる複素数の計算はせいぜい加減乗除くらいで，複素数の重要な応用である三角関数と指数の計算ができないことが挙げられるでしょう．

しかし，あらためて，関数電卓で複素数の計算を行ってみて感じたことは，複素数の問題を関数電卓で計算することは十分実用的であり，教育的効果もあるということです．そのことを知っていただくために，本書の最後は関数電卓を用いた複素数の計算と，その応用で締めくくることにしました．

例によって解説は虚数の概念から始め，複素数の定義，直交形式と極形式，複素数の加減乗除と進めますが，限られたスペースに詰め込んだためわかりにくい点もあるかもしれません．本章は，大学で複素関数をひととおり学んだ後に読んだほうがよく理解できると思います．

10.1 ・・・ 虚数単位 i と複素数の定義

まず初めに，

$$x^2 = -2 \tag{10.1}$$

となる x について考えます．x を実数と考えると，負の数も 2 乗すれば正になるので，こんな数はありえません．しかし，ここで**虚数単位 i** という量を考えます．定義は

$$i^2 = -1 \tag{10.2}$$

です．もちろん，i は実数ではありません．こういうものだと考えましょう．すると，2 乗して負になる数はすべて，虚数単位を使い，

$$a^2 = -b \quad なら \quad a = i\sqrt{b} \tag{10.3}$$

と書くことができます．たとえば式 (10.1) なら，私たちは 2 乗して -2 になる数を

$$x = i\sqrt{2} \tag{10.4}$$

と書くことができます[◆1]．虚数単位 i を定義することにより，私たちは 2 乗して負になる数が扱えるようになりました．もちろん，実数の範囲ではそんなことはありえませんから，結果として私たちは，実数でない数を扱う必要があります．虚数単位 i と実数の積で表された数を**虚数**とよびます．実数と虚数の大小は比べようがありません．しかし，虚数どうしの大小は明確に定義可能です．いわば，実数とは異なるもう一つの数の体系ができたということになります．

実数と虚数の和で表された数

$$z = (a + ib) \tag{10.5}$$

を，**複素数**と定義します．任意の複素数を変数で表すとき，文字 z がよく使われます．実数と虚数はそれぞれ別の数の体系ですから，これを 2 次元デカルト座標で表します．**実軸**と**虚軸**を座標軸とする平面を**ガウス平面**，または**複素平面**といいます．任意の複素数は，ガウス平面のどこかに位置する一つの点，ということができます．

ガウス平面上の複素数 $z = (a + ib)$ を図 10.1 に示します．ガウス平面を 2 次元デカルト座標とすれば，対応する極座標 (r, θ) が存在します．このとき，r を複素数 z の**絶対値**，θ を z の**偏角**と定義します．複素数 z の絶対値，偏角はそれぞれ Abs(z)，Arg(z) とも書かれ，図 10.1 からも明らかなように，

$$\mathrm{Abs}(z) = \sqrt{a^2 + b^2} \tag{10.6}$$

$$\mathrm{Arg}(z) = \tan^{-1}\left(\frac{b}{a}\right) \tag{10.7}$$

で与えられます．ここまでが複素数の基本です．

では，なぜ数学者は複素数なる量を編み出したのでしょうか．人類と数の歴史を思い出してください．数直線が 0 から始まっていた頃，「$2 - 3$」には答がありませんでしたが，「-1」

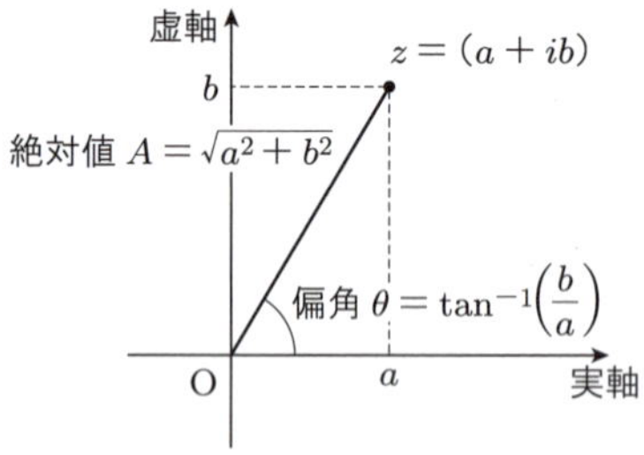

図 10.1　ガウス平面上に表した複素数 $z = (a + ib)$

◆1　$x = -i\sqrt{2}$ も 2 乗すれば -2 です．実は，$\sqrt{-2} = i\sqrt{2}$ と素直に書かなかったのには理由があります．「平方根」を負数に拡張するときにはデリケートな扱いが必要で，ここではその議論を避けるようにしています．

を編み出すことで数学の世界が広がりました．続いて隣り合う整数の間を埋めるため，分数と小数が発明されました．当時は数直線上の任意の点が a/b の形で表現できると思われていましたが，$\sqrt{2}$ が既約分数の形では表されないことがわかり，無理数が生まれました．このように，数学が取り扱える範囲は，新しい数の概念が発見されるたび大きく広がってきたのです．

無理数までを数の範囲とするとき，2 次方程式

$$x^2 + x + 1 = 0 \tag{10.8}$$

には解がありません．しかし，複素数を定義することで，この方程式に二つの解

$$x = \frac{-1 + i\sqrt{3}}{2}, \quad x = \frac{-1 - i\sqrt{3}}{2} \tag{10.9}$$

が現れます．複素数を定義することにより，数学の幅がまた広がるのです．複素数で広がるのは代数方程式だけではありません．証明は省きますが，三角関数，指数関数に複素数を与えると，実数の範囲ではありえない，

$$\sin z > 1 \tag{10.10}$$

$$a^z < 0 \tag{10.11}$$

となるような複素数 z が存在することが示されます．複素数の発見により，三角関数や指数・対数もその適用範囲を大きく広げることがわかったのです．なにより驚くべきは，20 世紀になって発見された量子力学の基本方程式であるシュレーディンガー方程式が，以下のように虚数単位を含むことです[15]．

$$\left\{-\frac{\hbar^2}{2m}\left(\frac{\partial}{\partial x^2} + \frac{\partial}{\partial y^2} + \frac{\partial}{\partial z^2}\right) + U\left(\boldsymbol{r}\right)\right\}\psi\left(\boldsymbol{r}, t\right) = i\hbar\frac{\partial \psi}{\partial t} \tag{10.12}$$

これは物理学の歴史上初めてのことで，いまでもこの「虚数の物理量」が何を意味しているのかについては，一致した結論は出ていません．

10.2 ••• オイラーの公式と極形式

数学史上最大の発見ともいえる，発見者オイラーの名前が付いた「オイラーの公式」は，複素数の指数と三角関数を以下のように結びます[16]．

$$e^{i\theta} = \cos\theta + i\sin\theta \tag{10.13}$$

$y = e^x$ は x が実数の範囲では単調に増加する関数ですが，指数に虚数 $i\theta$ を与えると周期関数に変化してしまいます．しかもその解は大変美しく，ガウス平面上の半径 1 の円になりま

す◆2.

式 (10.13) から，ただちに以下の形を示すことができます．

$$\cos\theta = \frac{e^{i\theta} + e^{-i\theta}}{2} \tag{10.14}$$

$$\sin\theta = \frac{e^{i\theta} - e^{-i\theta}}{2i} \tag{10.15}$$

これは，$\sin\theta$ と $\cos\theta$ を第 4 章とまったく異なる方法で定義したもの，ということもできます．

式 (10.13) と図 10.1 を見れば，任意の複素数 $z = (a + ib)$ は

$$z = Ae^{i\theta} \tag{10.16}$$

$$\text{ここで}, A = \sqrt{a^2 + b^2}, \quad \theta = \tan^{-1}\left(\frac{a}{b}\right)$$

と表現できることがわかります．なんと，$y = e^x$ の x を虚数に拡張したことにより，三角関数と指数関数が結ばれただけでなく，複素数の極座標表現を得ることができました．ある複素数 z を $(a + ib)$ で表したものを**直交形式**，$Ae^{i\theta}$ で表したものを**極形式**といいます．

極形式で表現された複素数は，物理学や工学の解析方法に革命を起こしました．詳しくは本書の主題から離れるため，さわりしか説明しませんが（詳しくは [18]），たとえば微分方程式

$$\frac{\mathrm{d}^2 x}{\mathrm{d}t^2} = -\omega^2 x \tag{10.17}$$

で表される現象があったとします．微分方程式を解くと，三角関数を組み合わせた

$$x(t) = A\sin(\omega t) + B\cos(\omega t) \quad (A,\ B\ \text{は定数}) \tag{10.18}$$

が解であることが示されますが，範囲を複素数に広げれば，

$$x(t) = Ae^{i(\omega t + \delta)} \quad (A,\ \delta\text{は定数}) \tag{10.19}$$

もまた解であることがわかります．確認のため，式 (10.19) を式 (10.17) に代入してみてください．これが，10.7 節（→p.164）で紹介する「振動現象の複素関数表示」の理論を生みました．

10.3 ••• 複素数の四則演算

本節では，二つの複素数のもっとも基本的な演算である，加減乗除の規則について説明し

◆2 ここから $e^{i\pi} + 1 = 0$ を導くことができますが，数学でもっとも重要な 3 つの記号 e，i，π，そして 0 と 1 が等号で結ばれるこの式は，「この世でもっとも美しい数式」ともよばれています[17]．

ます．いずれも，$(a+ib)$ を普通の 2 項と考え，$i^2 = -1$ を使えば簡単に証明できます．

1. $(a+ib)+(c+id)=(a+c)+i(b+d)$ (10.20)
2. $(a+ib)-(c+id)=(a-c)+i(b-d)$ (10.21)
3. $(a+ib)(c+id)=(ac-bd)+i(ad+bc)$ (10.22)
4. $\dfrac{(a+ib)}{(c+id)}=\dfrac{1}{c^2+d^2}\{(ac+bd)-i(ad-bc)\}$ (10.23)

公式 (10.23) の証明には，**共役複素数**の性質を使います．複素数 $z=(a+ib)$ に対して，虚部の符号を反転した $(a-ib)$ を z の共役複素数といい，一般に $\overline{z}$ と書かれます．ある複素数とその共役複素数の積は，

$$z\overline{z}=a^2+b^2 \tag{10.24}$$

と，z の絶対値の 2 乗を与えます．式 (10.23) は，分子・分母に $(c-id)$ を掛けて分母を有理数に直し（この操作を**有理化**といいます），その後分子の計算を行っています．

10.4 ••• 複素数の入力，計算

fx-JP500 も，EL-509T も，複素数の計算は「複素数モード」で行います．複素数モードでも，関数は通常計算モードと同様に実行可能ですが，引数に複素数をとることはできません．ただし例外はあり，容易に乗除算で表される x^2 と x^{-1} は複素数を引数にとれます．入力は $(a+bi)$ の直交形式，$Ae^{i\theta}$ の極形式のどちらでも可能ですが，解表示は現在の「表示モード」で決まります．

続いて，機種ごとに，基本操作について説明します．fx-JP500 については次の 10.4.1 項を，EL-509T については 10.4.2 項（→p.158）を見てください．

10.4.1 • CASIO fx-JP500

モード切り替え

複素数モードへの切り替えは，MENU キーで行います（図 10.2）．通常計算モードに戻るときも同様です．

複素数モード　MENU 2
通常計算モード　MENU 1

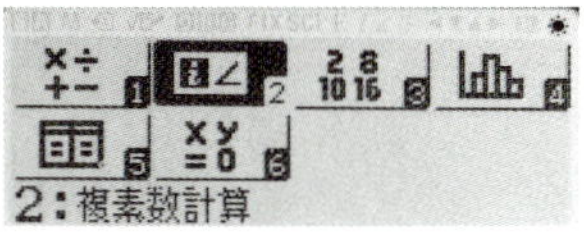

図 10.2　fx-JP500 を複素数モードに切り替える

基本操作

複素数計算で使われるキーを図 10.3 に示します．複素数モードでは，ENG キーが複素数の入力キーです．複素数の入力操作を，キーの刻印で示します．

fx-JP500　2 + 3 ENG　$\leftarrow 2+3i$

fx-JP500　2 SHIFT ENG 3　$\leftarrow 2e^{3i}$

以降は，ENG を i，SHIFT ENG を ∠ とし，入力キーを 2 + 3 i，2 ∠ 3 のように表記します．

図 10.3　fx-JP500 の複素数入力・演算キー

表示モード

演算の結果を直交形式で表示するか，極形式で表示するかは「表示モード」に依存します．現在の表示モードは，ステータスエリアのアイコンで識別します（図 10.4）．極形式の角度は，現在の角度モードに依存するので，極形式の入力や極形式表示モードを使うときは角度モードに留意してください．

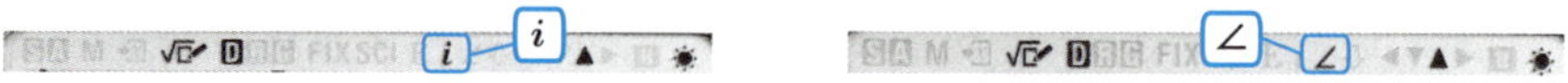

図 10.4　fx-JP500 の複素数表示モードステータス．左が直交形式，右が極形式表示モード

表示モードを切り替える際には，以下の操作を行います（図 10.5）．

直交形式表示モード　SETUP ↓ 1 1

極形式表示モード　SETUP ↓ 1 2

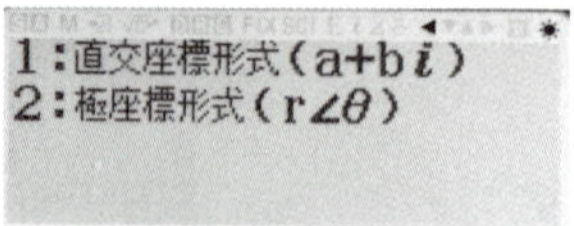

図 10.5　fx-JP500 の複素数表示モード切り替え画面（SETUP ↓ 1）

基本的な計算

■ 1. $(1+2i)(2+3i)$

fx-JP500　[( ] 1 [+] 2 [i] [ )] [( ] 2 [+] 3 [i] [ )] [=]　　答：$-4+7i$

NOTE　解は実部，虚部の順番に，2 行で表示されます（図 10.6）.

図 10.6　$(1+2i)(2+3i)$ の計算結果（fx-JP500）

■ 2. $2e^{i}+3e^{0.5i}$

fx-JP500　rad　2 [∠] 1 [+] 3 [∠] 0.5 [=]　　答：$3.713352297+3.121218585i$

NOTE　極形式で入力された数式も，解は現在のモード（直交形式）で出力されます（図 10.7）.

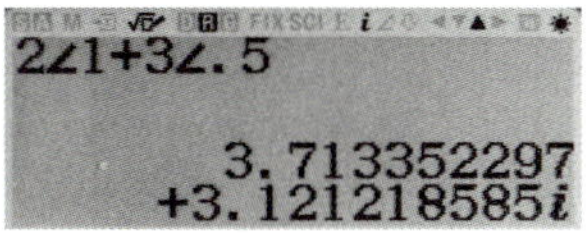

図 10.7　$2e^{i}+3e^{0.5i}$ の計算結果（fx-JP500）

■ 3. 答を $Ae^{i\theta}$ に変換

fx-JP500　rad　[OPTN] [↓] [1] [=]　　答：$4.850875255\angle 0.6989759415\,\mathrm{rad}$

NOTE　解を一時的に極形式で表示するときは，「表示モード」を切り替えるのではなく，[OPTN] [↓] [1] の操作で変換関数「▶ $r\angle\theta$」を使います（図 10.8）.

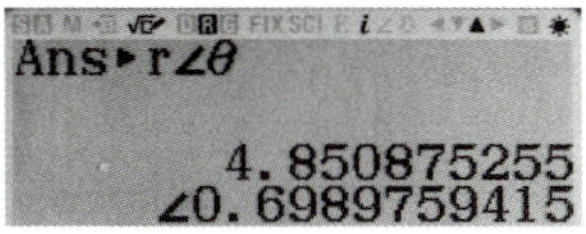

図 10.8　図 10.7 の結果を極形式で表示する

複素数を引数にとる関数

複素数を引数にとる，以下の関数が使用可能です．操作は，[OPTN] キーを押し，表示される関数群の中から選びます（図 10.9）.

- ✓ $\mathrm{ReP}(z)$　　z の実部を返す（操作：[OPTN] [3]）
- ✓ $\mathrm{ImP}(z)$　　z の虚部を返す（[OPTN] [4]）
- ✓ $|z|$　　z の絶対値を返す（[Abs]）
- ✓ $\mathrm{Arg}(z)$　　z の偏角を返す（[OPTN] [1]）

✓　Conjg(z)　　z の共役複素数を返す（ OPTN 2 ）

NOTE　絶対値は， (の裏の Abs を使います．

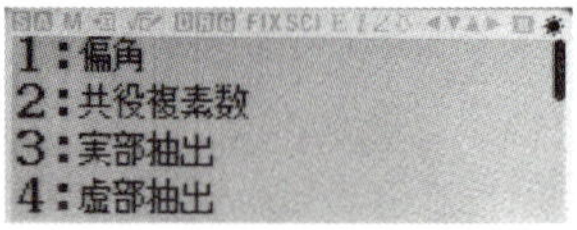

図 10.9　fx-JP500 の複素数関連関数の呼び出し（ OPTN ）

メモリー

fx-JP500 は，複素数モードでも通常計算と同様にメモリーが使用可能です．例として，$(1+2i)$ をメモリー A に代入，$\mathrm{A}\overline{\mathrm{A}}$ を求める手順を示します．

fx-JP500　1 + 2 i STO A A OPTN 2 A =　　答：5

10.4.2 • SHARP EL-509T

モード切り替え

複素数モードへの切り替えは， MODE キーで行います（図 10.10）．通常計算モードに戻るときも同様です．

複素数モード　　MODE 3

通常計算モード　MODE 0

図 10.10　EL-509T を複素数モードに切り替える

基本操作

複素数計算で使われるキーを図 10.11 に示します．複素数モードでは， D°M′S キー， , キーが複素数の入力キーです．複素数の入力操作を，キーの刻印で示します．

EL-509T　2 + 3 D°M′S　← $2+3i$

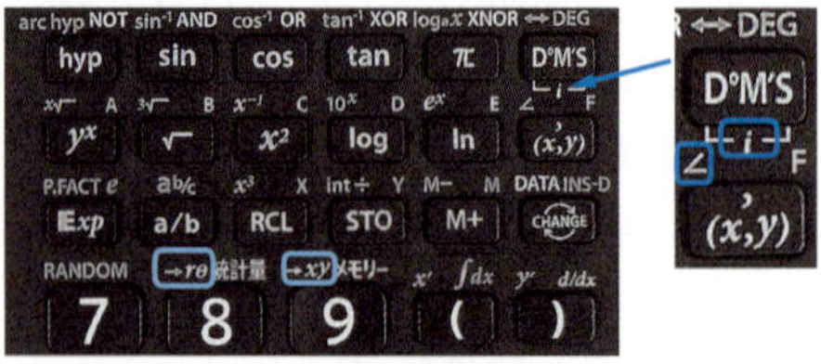

図 10.11　EL-509T の複素数入力・演算キー

EL-509T　2 [2ndF] [,] 3　$\leftarrow 2e^{3i}$

以降は，[D°M′S] を [i]，[2ndF] [,] を [∠] として，入力キーを 2 [+] 3 [i]，2 [∠] 3 のように表記します．

表示モード

演算の結果を直交形式で表示するか，極形式で表示するかは「表示モード」に依存します．現在の表示モードは，解表示エリア左端のアイコンで識別します（図 10.12）．極形式の角度は，現在の角度モードに依存するので，極形式の入力や極形式表示モードを使うときは角度モードに留意してください．

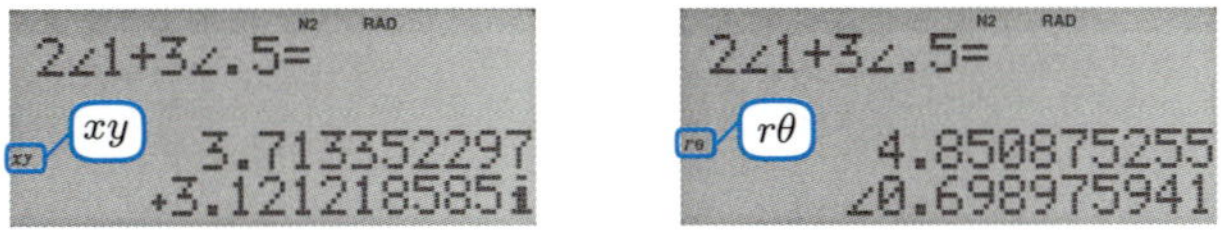

図 10.12　EL-509T の複素数表示モードステータス．左が直交形式，右が極形式表示モード

直交形式，極形式のモード切り替えは，座標変換（→p.145）と同じ操作で，キーは [8]，[9] の裏にあります．

直交形式表示モード　[$\rightarrow xy$]
極形式表示モード　[$\rightarrow r\theta$]

基本的な計算

■ 1. $(1+2i)(2+3i)$

EL-509T　[(] 1 [+] 2 [i] [)] [(] 2 [+] 3 [i] [)] [=]　答：$-4+7i$

NOTE　解は実部，虚部の順番に，2 行で表示されます（図 10.13）．

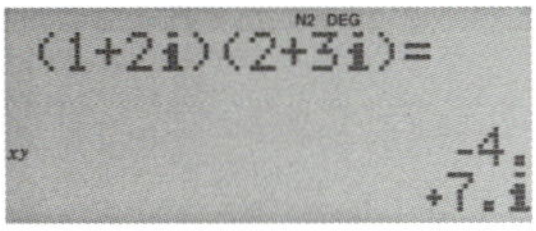

図 10.13　$(1+2i)(2+3i)$ の計算結果（EL-509T）

■ 2. $2e^{i}+3e^{0.5i}$

EL-509T　[rad]　2 [∠] 1 [+] 3 [∠] 0.5 [=]　答：$3.713352297+3.121218585i$

NOTE　極形式で入力された数式も，解は現在のモード（直交形式）で出力されます（図 10.14）．

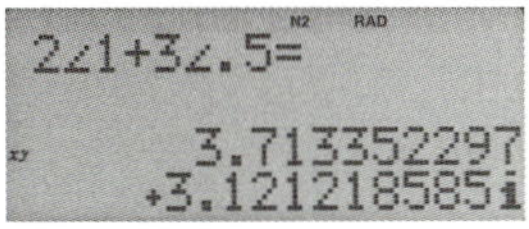

図 10.14　$2e^{i}+3e^{0.5i}$ の計算結果（EL-509T）

■ 3. 答を $Ae^{i\theta}$ に変換

EL-509T　rad　→rθ　　答：4.850875255∠0.698975941 rad

解を極形式で表示するときは，「表示モード」を切り替えます（図 10.15）.

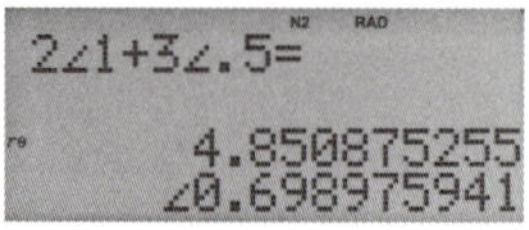

図 10.15　図 10.14 の結果を極形式で表示する (→rθ)

複素数を引数にとる関数

複素数を引数にとる，以下の関数が使用可能です．操作は，MATH キーを押し，表示される関数群の中から選びます（図 10.16）.

- ✓ real(z)　　z の実部を返す（操作：MATH 2）
- ✓ img(z)　　z の虚部を返す（MATH 3）
- ✓ abs(z)　　z の絶対値を返す（abs）
- ✓ arg(z)　　z の偏角を返す（MATH 1）
- ✓ conj(z)　　z の共役複素数を返す（MATH 0）

NOTE　絶対値は，(−) の裏の abs を使います．

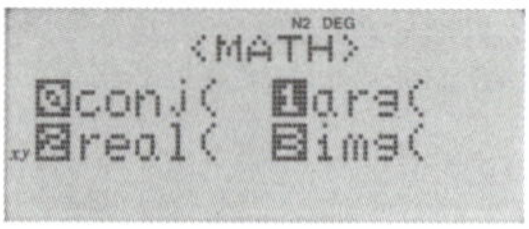

図 10.16　EL-509T の複素数関連関数の呼び出し（MATH）

メモリー

EL-509T は，複素数モードで使えるメモリーはラストアンサーと M のみです．注意してください．例として，$(1+2i)$ をメモリー M に代入，$\mathrm{M}\overline{\mathrm{M}}$ を求める手順を示します．

EL-509T　1 + 2 i STO M M MATH 0 M =　　答：5

10.5 ・・・ 複素数と測量

複素数は，実部を x 座標，虚部を y 座標とみなすと，一つの数で 2 次元デカルト座標を表す便利な概念であることに気づきます．2 次元極座標も，「複素数の指数関数」という，これもまた便利な表記法で表すことができます．これらを上手く使えば，第 9 章で紹介した座標，長さ，面積などの測量計算のほとんどを，複素数で効率よく行うことができます．

正統な土木・測量の教育では，複素数を使ったこれらの計算が教えられることはないようですが，土地家屋調査士試験（→p.22）の対策として，複素数を使った測量計算は公然の裏技として知られています[19]．ここでは，計算の練習として，その一部をご紹介します．

2 次元複素平面上の n 点，$z_1, z_2, \ldots, z_n$ で作られる多角形の面積は，

$$\frac{1}{2}\left(z_1 \cdot \overline{z_2} + z_2 \cdot \overline{z_3} + \cdots + z_n \cdot \overline{z_1}\right) \tag{10.25}$$

の「虚部」に一致します．理屈を説明しましょう．括弧の中を頭から $(x+iy)$ の形で書き下していくと，

$$z_1 \cdot \overline{z_2} = (x_1 + iy_1)(x_2 - iy_2), \quad z_2 \cdot \overline{z_3} = (x_2 + iy_2)(x_3 - iy_3), \ldots \tag{10.26}$$

です．これらの虚部のみを抜き出していくと，

$$-x_1y_2 + x_2y_1 - x_2y_3 + x_3y_2 + \cdots \tag{10.27}$$

を得ます．これを x_i でまとめていけば，

$$x_1(y_n - y_2) + x_2(y_1 - y_3) + \cdots \tag{10.28}$$

となり，これは，コラム「面積計算の奥義」（→p.150）で紹介した面積の公式と一致します．一つ，例題を解いてみましょう．

例題 10.1　図 10.17 に示される四角形の，各点の座標は以下のとおりである．面積を求めよ．

$z_1 = 1 + 3i$

$z_2 = 4 + 6i$

$z_3 = 7 + i$

$z_4 = 4 - 2i$　（単位：[m]）

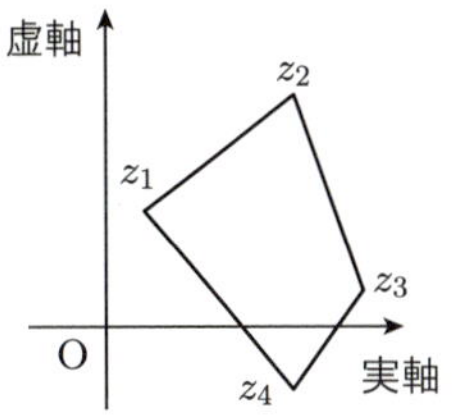

図 10.17　複素平面上の四角形

解答

fx-JP500　0.5 ((7 + i) − (1 + 3 i)) OPTN 2 (4 − 2 i) − (4 + 6 i =

EL-509T　0.5 ((7 + i) − (1 + 3 i)) MATH 0 (4 − 2 i) − (4 + 6 i =

答：$8 + 24i$

面積は虚部をとり，$24\,\mathrm{m}^2$ です．

10.6 ••• カオス，フラクタル

次のような計算手続きを考えます．

$$z_0 = 0, \quad z_1 = z_0^2 + c \ (c \text{は任意の複素数}),$$
$$z_2 = z_1^2 + c, \ \ldots, \ z_n = z_{n-1}^2 + c \tag{10.29}$$

このように，あるステップの入力に，一つ前のステップの結果を使う繰り返し計算を**漸化式**とよびます．この計算を繰り返していくと，c の値によって，z_n はゼロに近づいていくか，$|z_n| < 2$ の範囲で振動するか，無限に大きくなって発散するかの 3 通りに分かれます．次に，複素平面をとり，z_n が発散しない c を黒く塗りつぶします．すると，よく知られた**マンデルブロー集合**（図 10.18）ができあがります．関数電卓を使い，いくつかの c で z_n が発散するかどうか判定してみましょう．

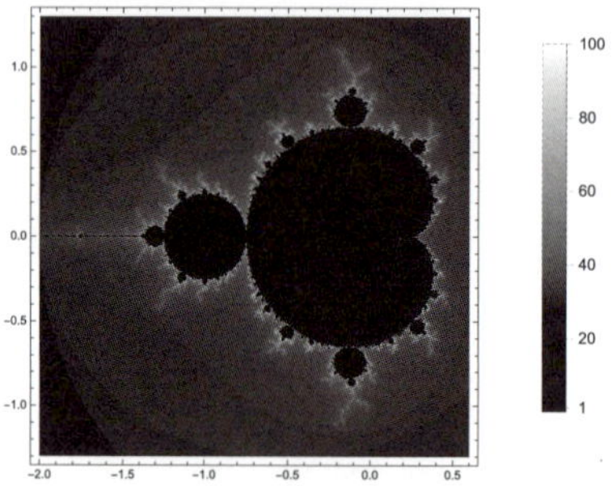

図 10.18　マンデルブロー集合．黒でないところの色は，$|z_n| > 2$ となる n を表す．

例題 10.2　$c = 0.31 + 0.56i$，$c = 0.31 + 0.57i$ で式 (10.29) が発散するかどうか判定しなさい．なお，式 (10.29) の発散は，どこかで $|z_n| > 2$ となるかどうかで判定できる．

解答

メモリーと数式履歴を上手く使い，漸化式を次々と求めます．収束判定を容易にするため，表示モードを極形式に切り替えます．

■ Step 1　表示モード切り替え

fx-JP500　SETUP ↓ 1 2

EL-509T　→rθ

■ Step 2　メモリー M をクリア

共通　0 STO M

■ Step 3　式 (10.29) を入力，結果をメモリー M に代入

共通 ▶ M x^2 + 0.31 + 0.56 i STO M

■ Step 4　繰り返し

fx-JP500 ▶ = = ···

EL-509T ▶ ← STO M ← STO M ···

$c = 0.31 + 0.56i$ は振動解，$c = 0.31 + 0.57i$ は 40 回ほどの試行で発散します．

マンデルブロー集合を特徴付けるキーワードが**カオス**と**フラクタル**で，どちらも 21 世紀の新しい物理学のパラダイムとして用いられる単語です．カオスとは，一言でいうと，「簡単なルールから予測不能な複雑な現象が起こること」です．マンデルブロー集合も，非常に簡単なルールですが，ある c が収束するかどうかは計算してみないとわからず，しかも，わずかに異なる c でも発散するか，しないかの命運が分かれます．これは，力の大きさを 2 倍にすれば加速度も 2 倍になるといった，20 世紀までの物理学に特徴的な「予測可能性」を欠いています．とはいってもまったく規則性がないわけではなく，カオスに内在する規則性は，現代の物理学において重要な興味の対象です．

フラクタルは，日本語に訳すと「自己相似性」です．具体例を挙げたほうがわかりやすいでしょう．図 10.19 は，マンデルブロー集合の，境界に近い部分を拡大したものです．どんなに拡大しても，ギザギザは消えません．また，図を見ただけでは，これが「何倍」に拡大されたものかを言い当てることはできないでしょう．このように，構造の中に相似形の小さな構造が無限に折りたたまれているものをフラクタルとよびます．カオスとフラクタルは密接に関連していて，カオスを生じる計算手続きで作られたグラフは，多くがフラクタル構造をもちます．

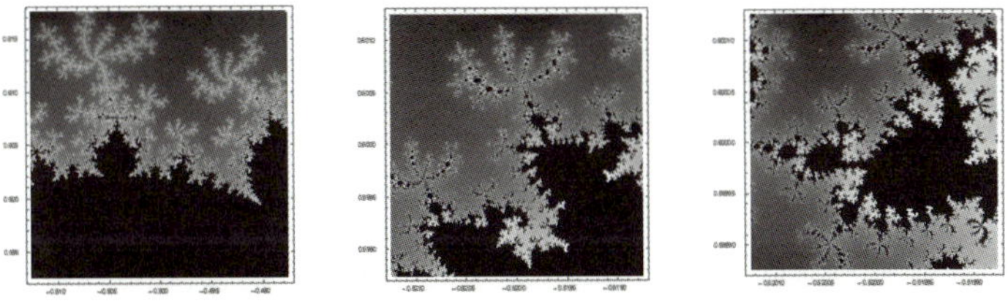

×100　　×1,000　　×10,000

図 10.19　マンデルブロー集合の，$(-0.5 + 0.6i)$ 近辺を拡大したもの

生物の複雑な構造は，遺伝子に組み込まれた比較的簡単なルールで実現されています．したがって，生物の「形」にも，マンデルブロー集合のような自己相似性を見出すことができます．木の枝や血管のパターンがその例ですが，カリフラワーの一種で，スーパーマーケットで売っている「ロマネスコ」が，もっとも美しく自然界のフラクタルを体現しているのではないでしょうか（図 10.20）．

図 10.20　ロマネスコ

10.7 ・・・ インピーダンス

10.7.1 ● インピーダンスの定義

複素数の応用分野の一つとして，交流回路の**インピーダンス**について考えましょう．図 10.21 のように，抵抗 (R)，コンデンサー (C)，コイル (L) が直列につながれ，交流電源に接続された回路を考えます．電源の電圧はピーク値 V_0，角周波数 ω の正弦波です．電源電圧の時間変化は，

$$v(t) = V_0 \cos(\omega t) \tag{10.30}$$

と表されますが，これを，

$$v(t) = V_0 e^{i\omega t} \tag{10.31}$$

と置き換えます．もちろん，複素数の電圧などないわけですが，実際の電圧は式 (10.31) の実部をとったものと「約束」します．これを，「振動現象の**複素関数表示**」といいます．

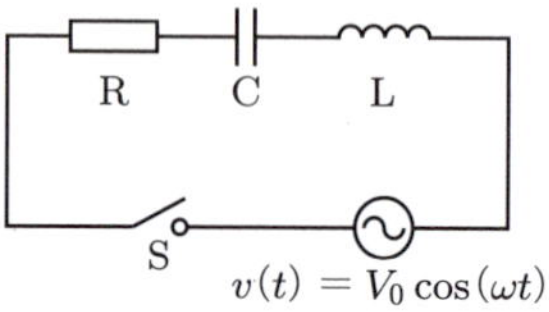

図 10.21　交流回路

スイッチを閉じると回路に電流が流れます．この電流もやはり正弦波であることは間違いなく，これを，

$$i(t) = I_0 e^{i\omega t} \tag{10.32}$$

と表します．ここで I_0 は実数とは限らず，複素数になりうる点がポイントです．そして，

$$Z = \frac{V_0}{I_0} \tag{10.33}$$

を回路の**インピーダンス**と定義します．ここまでの計算は，直流回路なら，有名な**オームの法則**そのものですね．インピーダンスを説明するのに「交流に対する抵抗」という人もい

ます．

さて，ここで，図 10.21 の電源に，抵抗値 R の抵抗を一つ接続します（**図** 10.22(a)）．この場合，回路の電圧／電流比は，

$$\frac{V_0}{I_0} = R \tag{10.34}$$

です．つまり，「抵抗のインピーダンス」Z_R は電源の周波数によらず R です．

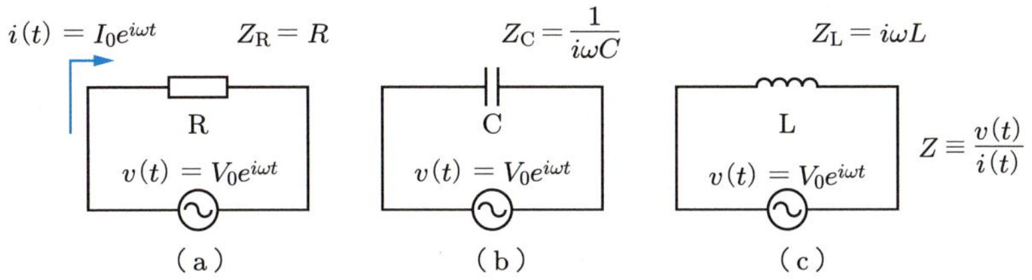

図 10.22　抵抗，コンデンサー，コイルのインピーダンス

次に，電源に容量 C のコンデンサーを接続します（図 (b)）．コンデンサーの端子間電圧と電流には，

$$v_\mathrm{C}(t) = \frac{1}{C}\int i(t)\mathrm{d}t \tag{10.35}$$

の関係があるので，回路の電圧／電流比は，

$$\frac{V_0}{I_0} = \frac{1}{i\omega C} \tag{10.36}$$

となります．これを，「コンデンサーのインピーダンス」Z_C と定義します．

最後に，インダクタンス L のコイルを接続してみましょう．コイルの端子間電圧と電流には，

$$v_\mathrm{L}(t) = L\frac{\mathrm{d}i(t)}{\mathrm{d}t} \tag{10.37}$$

の関係があるので，回路の電圧／電流比は，

$$\frac{V_0}{I_0} = i\omega L \tag{10.38}$$

となります．これを，「コイルのインピーダンス」Z_L と定義します．

このように，回路の基本素子である R，L，C のインピーダンスが判明しましたが，複素関数表示の素晴らしいところは，これらの素子を組み合わせたインピーダンスが，直列接続の場合，

$$Z = Z_1 + Z_2 \tag{10.39}$$

並列接続の場合，

$$\frac{1}{Z}=\frac{1}{Z_1}+\frac{1}{Z_2} \tag{10.40}$$

で表される，ということです（図 10.23）．これは，抵抗の直列接続，並列接続と同じ公式です．これらを組み合わせれば，どんな複雑な R，L，C の組み合わせでも，掛け算と割り算のみで回路のインピーダンスが計算可能です．回路のインピーダンスがわかれば，電源を接続したとき回路に流れる電流は，式 (10.33) から計算可能です．

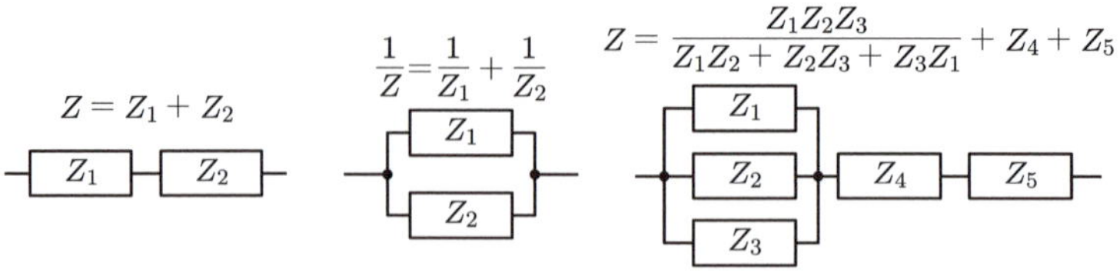

図 10.23　インピーダンスの合成

R，L，C を含んだ交流回路は 2 階微分の要素を含むので，本来なら 2 階の微分方程式を解いて過渡応答と定常解を求め，定常解から回路の電圧，電流の振幅と位相を求めるのが正統なやり方ですが，大変手間が掛かるものです．しかし複素関数表示を使えば，これが上のような加減乗除の計算に還元されてしまうのです．「電気工学エンジニアの寿命を 2 倍にした」(→p.76)，といっても過言ではないでしょう．

ここで，電源電圧と回路に流れる電流を複素平面で表し，実際に起こっている現象との関係を解析します．回路のインピーダンスを Z とすると，電圧，電流はそれぞれ

$$v(t)=V_0e^{i\omega t} \tag{10.41}$$

$$i(t)=\frac{V_0}{Z}e^{i\omega t} \tag{10.42}$$

です．これらはそれぞれ複素平面上で半径 V_0，半径 V_0/Z の円を描き回転するベクトルです．図 10.24 は，$t=0$ の瞬間の $\boldsymbol{v}$，$\boldsymbol{i}$ を複素平面で表しています．この図では実軸を縦に，虚軸を横に書いています．そして，「約束」のとおり，これらの実部が回路の電流，電圧です．これは，ベクトルを実軸上に投影したものと同じです．図の右側は，実軸に投影された $\boldsymbol{v}$，$\boldsymbol{i}$

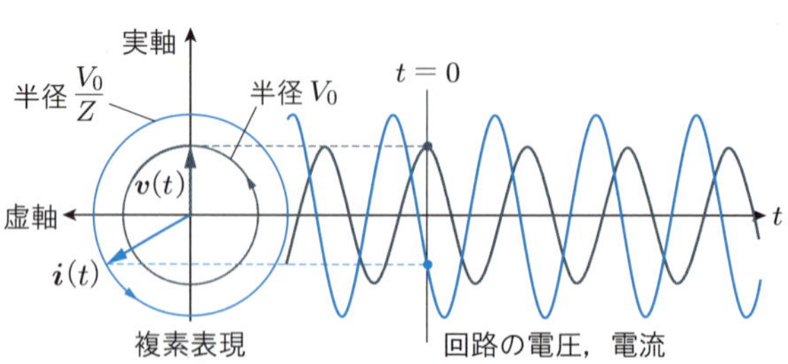

図 10.24　複素数で表された電流，電圧と実際の電流，電圧の関係

を時間のグラフにしたもので，これが観測される電圧・電流になります．一方で，複素平面上に表された $\boldsymbol{i}$ と $\boldsymbol{v}$ のなす角度が，電圧と電流の位相差をわかりやすく視覚化しています．

このように，複素関数表示を使えば，交流回路の電圧 – 電流特性をわかりやすく視覚化することも可能です．

10.7.2 ● 具体的な計算例

6.6 節で考えた問題を，複素数を使って解いてみましょう．回路図は図 6.13 で，問題は以下のように再定義します．

例題 10.3　図 6.13 の回路で，電源に $V_0 = 10\,\mathrm{V}$，周波数 2 kHz の交流電圧を加えた．
(1) 回路に流れる電流 I_0　　(2) 電圧と電流の位相差
(3) コンデンサー両端の電位差 V_C　　(4) V_0 と V_C の位相差　を求めよ．

解答　インピーダンスの問題は，極形式表示モードで計算したほうが何かと好都合です．まずは，表示モードを切り替えます．角度モードもチェックしてください．

fx-JP500　[deg]　[SETUP] [↓] [1] [2]
EL-509T　[deg]　[→rθ]

次に，回路のインピーダンス Z を計算します．回路はコンデンサーと抵抗の直流接続ですから，

$$Z = R + \frac{1}{i\omega C} \tag{10.43}$$

です．まずは，2 kHz における回路のインピーダンスを計算しましょう．

$$Z = 1 \times 10^4 + \frac{1}{i\,(2\pi \times 2 \times 10^3 \times 1 \times 10^{-8})} \tag{10.44}$$

ここで，あらかじめ角周波数を「$4 \times 10^3\pi$」に直しておくと打鍵数が減ります．fx-JP500 は複素数モードでも分数が使えますが，EL-509T は分数が使えません．本章では，電卓の特性にあわせて操作を変えてみます．

fx-JP500　1 [×10^x] 4 [+] [分数] 1 [↓] 4 [×10^x] 3 [π] [×] 1 [×10^x] [(−)] 8 [i] [=]
EL-509T　1 [Exp] 4 [+] 1 [÷] [(] 4 [Exp] 3 [π] [×] 1 [Exp] [(−)] 8 [i] [=]

答：$(12779.89592\angle{-38.51188725°})\,\Omega$

電流 I_0 は，式 (10.33) から $10/Z$ です．ここで，ラストアンサーを活用します．

$$I_0 = \frac{10}{Z} \tag{10.45}$$

共通　10 [÷] [Ans] [=]　　答：$(7.824789858 \times 10^{-4}\angle 38.51188725°)\,\mathrm{A}$

ここで求めた極形式の絶対値が電流の振幅 I_0 で，偏角が電圧に対する電流の位相差です．答から，電流は電圧に対して 38.5° 位相が進んでいることがわかります．

続いて，コンデンサー両端の電圧を計算します．**キルヒホッフの第一法則**より，回路を流れる電流はどの部分でも同じです．コンデンサーのインピーダンスを使い，$V_{\mathrm{C}} = Z_{\mathrm{C}} I_0$ で V_{C} がわかります．

$$V_{\mathrm{C}} = \frac{I_0}{i\,(2\pi \times 2 \times 10^3 \times 1 \times 10^{-8})} \tag{10.46}$$

fx-JP500　[分数] [Ans] [↓] 4 [×10^x] 3 [π] [×] 1 [×10^x] [(−)] 8 [i] [=]

EL-509T　[Ans] [÷] [(] 4 [Exp] 3 [π] [×] 1 [Exp] [(−)] 8 [i] [=]

答：(6.226769923∠ − 51.48811275°) V

コンデンサー両端の電圧は，電源電圧に対して 51.5° 遅れています．抵抗両端の電圧は $V_{\mathrm{R}} = RI_0$ で，電流と同位相ですから，これらを複素平面上に表すと図 10.25 のようになることがわかります．このように回路各部の電圧を複素平面上に極形式で表したものを**電圧位相図**といいます．

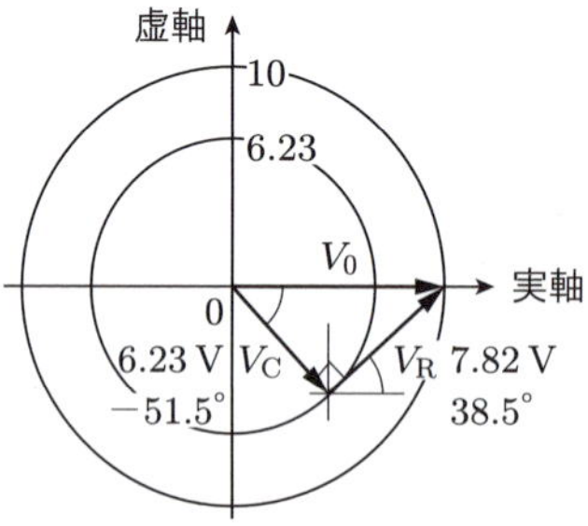

図 10.25　図 6.13 の回路が 2 kHz で駆動されたときの電圧位相図

以上のように，与えられた交流回路の電圧，電流の特性を，複素数の加減乗除だけで求めることができました．これが，交流回路における複素解析の威力です．実は，公式 (6.8) は，以下のように $V_{\mathrm{C}} = I_0 Z_{\mathrm{C}}$ を Z_{C} について解き，その絶対値を求めたものだったのです．

$$Z = \frac{1}{i\omega C} + R \ \rightarrow\ I_0 = \frac{V_0}{Z} = \frac{i\omega C V_0}{1 + i\omega CR} \ \rightarrow\ V_{\mathrm{C}} = I_0 Z_{\mathrm{C}} = \frac{V_0}{1 + i\omega CR}$$
$$\frac{V_0}{V_{\mathrm{C}}} = 1 + \frac{R}{Z_{\mathrm{C}}} \ \rightarrow\ \left|\frac{V_0}{V_{\mathrm{C}}}\right|^2 = 1 + \frac{R^2}{|Z_{\mathrm{C}}|^2} \ \rightarrow\ |Z_{\mathrm{C}}| = \frac{R}{\sqrt{\left|\frac{V_0}{V_{\mathrm{C}}}\right|^2 - 1}} \tag{10.47}$$

複素数の概念を使わずに式 (10.47) までたどりつくのは並大抵のことではありません．

かつて私が教えを受けた大学の先生は，「君たちは将来 $i\omega$[◆3] でご飯を食べるのだから，こ

◆3　正確には「$j\omega$」でした．電気工学は，電流 i と区別するため虚数単位に j を使います．

れだけはしっかり勉強しておくように」と仰いました．大学で教え，波動光学を研究する立場となったいま，私は先生の言葉をあらためて噛み締めています．私も，これから大学で理学や工学，とくに電気・電子や波動を学ぶことになる読者の皆さんに同じ言葉を贈ります．皆さんが本書をきっかけにして複素解析への理解を深めてくれたならば，私にとってこれほど嬉しいことはありません．

章末問題

Q1．方程式 $x^2 + 2x + 5 = 0$ の解は $x = -1 \pm 2i$ である．これを検算せよ．

Q2．適当な複素数，たとえば $(1+i)$ の絶対値，偏角を求めよ．次に，それに i を掛け，解の絶対値，偏角を求めよ．i を掛けることは複素平面のどのような移動に相当するか．

Q3．極形式で考えれば，複素数 z の n 乗は「絶対値が $\mathrm{Abs}(z)$ の n 乗，偏角が $\mathrm{Arg}(z)$ の n 倍」となることは明らかである．では，$\sqrt{2}(1+i)$ を極形式で表示し，それを 2 乗，3 乗，…としていって上の事実を確かめよ．

Q4．範囲を複素数まで広げれば，1 の n 乗根は独立に n 個存在することが知られている．それらは，極形式で表せば，絶対値が 1 で偏角が $2m\pi/n$ $(m = 0, 1, 2, \ldots, n-1)$ の複素数である．

(1) 1 の 3 つの 3 乗根を極形式で求めよ．

(2) (1) の答のそれぞれを直交形式に変換せよ．

(3) (2) の答のそれぞれを 3 乗し，答が 1 であることを確かめよ．

(4) 1 の 7 乗根のうち，実数根 1 を除いて偏角がもっとも小さいものを直交形式で表しなさい．またそれを 7 乗して 1 になることを確認せよ．

Q5．第 9 章章末問題 Q4 を，複素数を使って解け．

Q6．図 10.26 の回路の 1 kHz におけるインピーダンスを計算せよ．

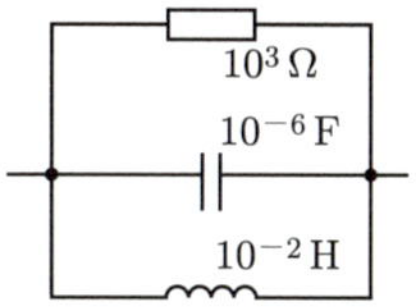

図 10.26

Q7．図 10.27 の RLC 直列回路について，

(1) CALC 機能を使い，1 Hz から 1 MHz までの適当な間隔，たとえば $1, 2, 5, 10, \ldots$ Hz におけるインピーダンスの絶対値を計算せよ．またそれを両対数グラフに描け．

(2) $f = 1\,\mathrm{kHz}$ における位相図を描け．回路素子が 3 つあるので，電源電圧 V_0 は V_C，V_R，V_L の 3 つのベクトルで結ばれる．

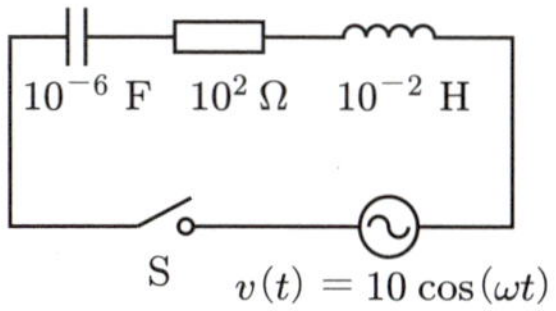

図 10.27

(3) インピーダンスはある周波数で極小となる．その周波数を求めよ．

(4) インピーダンスの絶対値が極小値の 2 倍になる周波数（二つある）を求めよ．

章末問題解答

NOTE 電卓の表示モードを直交形式に切り替えてから取り組んでください．

A1.

NOTE $(-1+2i)$ をメモリー M に代入，方程式の x を M に書き直して入力します．

共通 (−) 1 + 2 i STO M

共通 M x^2 + 2 M + 5 = 　答：0

NOTE 続いて，$(-1-2i)$ で同じことを繰り返しますが，数式履歴を上手く活用してください．

fx-JP500 ↑ ← （4 回） DEL − =

EL-509T ↑ ← （3 回） BS − STO M

共通 ↑ = 　答：0

A2.

fx-JP500 deg 1 + i = OPTN ↓ 1 =

EL-509T deg 1 + i →$r\theta$ 　答：1.414213562∠45°

fx-JP500 × i = OPTN ↓ 1 =

EL-509T × i →$r\theta$ 　答：1.414213562∠135°

NOTE i を掛けることは，複素平面上の 90° 左回転に相当します．

A3.

■ Step 1　表示モード切り替え

fx-JP500 deg SETUP ↓ 1 2

EL-509T deg →$r\theta$

■ Step 2　$\sqrt{2}(1+i)$ をメモリー M に代入

fx-JP500 √▢ 2 → (1 + i STO M

EL-509T √ 2 (1 + i STO M 　答：2∠45°

■ Step 3　$\mathrm{M}^2, \mathrm{M}^3, \ldots$ を計算

共通 M × M = 　答：4∠90°

共通 × M = 　答：8∠135°

NOTE M を掛けるごとに絶対値が 2 倍になり，角度が 45° ずつ増えていくことがわかります．

A4. (1) 1，$e^{i(2\pi/3)}$，$e^{i(4\pi/3)}$

NOTE 電卓を使うまでもありません．

(2) $1 = 1 + 0i$，$e^{i(2\pi/3)} = -0.5 + 0.8660254038i$，$e^{i(4\pi/3)} = -0.5 - 0.8660254038i$

NOTE $e^{i(2\pi/3)}$ の操作を示します．

fx-JP500 rad 1 ∠ ▭ 2 π ↓ 3 =

EL-509T　rad　1 ∠ (2 π ÷ 3 =

(3)

NOTE　(2) の答を 3 乗します．$x^{\blacksquare}$　y^x キーが使用可能なので使ってみましょう．

fx-JP500　$x^{\blacksquare}$ 3 =

EL-509T　y^x 3 =

答：1

(4) $0.6234898019+0.7818314825i$

fx-JP500　rad　1 ∠ 分数 2 π ↓ 7 =

EL-509T　rad　1 ∠ (2 π ÷ 7 =

fx-JP500　$x^{\blacksquare}$ 7 =

答：1

NOTE　EL-509T は，複素数の「7 乗」は計算できません．いくつか方法はありますが，ラストアンサーを 7 回掛けましょう．

EL-509T　Ans × Ans × Ans × Ans × Ans × Ans × Ans =

答：1

A5.　$39\,\mathrm{m}^2$

fx-JP500　0.5 ((18.6 + 14.5 i) − (12.6 + 8.5 i)) OPTN 2 (22.6 + 8.5 i) − (14.6 + 13.5 i =

EL-509T　0.5 ((18.6 + 14.5 i) − (12.6 + 8.5 i)) MATH 0 (22.6 + 8.5 i) − (14.6 + 13.5 i =

答：$9+39i$

A6.　$(10.66309789+102.7102538i)\,\Omega$

NOTE　あらかじめ，ω をメモリー M に入れてから取り掛かります．

fx-JP500　2 π × 1 ×10^x 3 STO M

EL-509T　2 π × 1 Exp 3 STO M

答：6283.185307

fx-JP500　分数 1 ↓ 1 ×10^x 3 → + 1 ×10^x (−) 6 i M + 分数 1 ↓ 1 ×10^x (−) 2 i M = x^{-1} =

EL-509T　1 ÷ (1 Exp 3) + 1 Exp (−) 6 i M + 1 ÷ (1 Exp (−) 2 i M = x^{-1} =

A7.　(1) 図 10.28

■ Step 1　表示モード切り替え

fx-JP500　SETUP ↓ 1 2

EL-509T　→$r\theta$

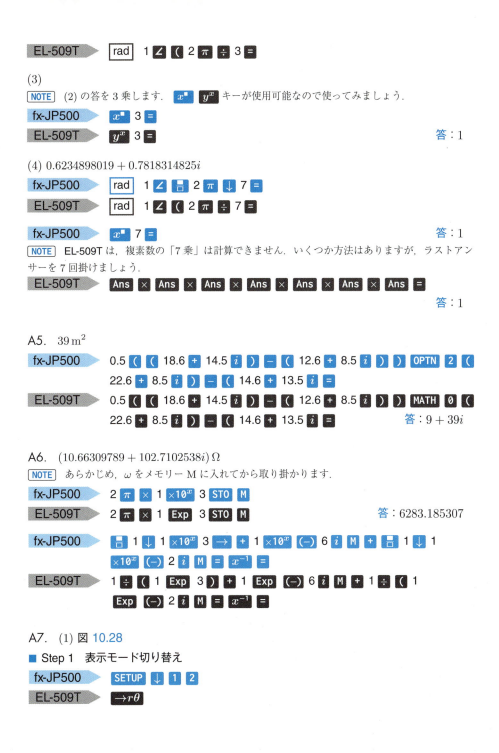

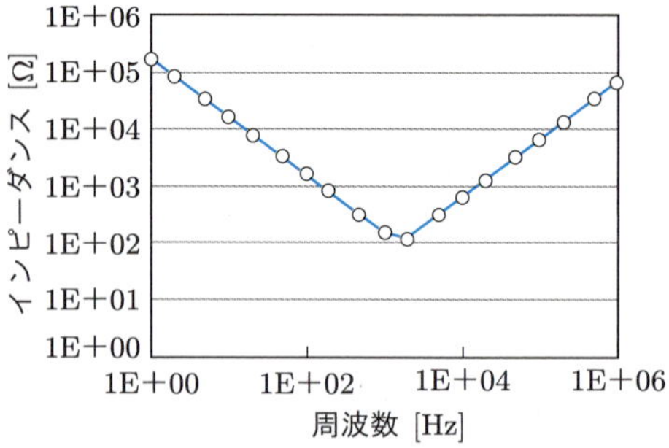

図 10.28

■ Step 2　計算

fx-JP500　[deg] 1 [×10^x] 2 [+] [保存] 1 [↓] 1 [×10^x] [(−)] 6 [i] [M] [×] 2 [π] [→] [+] 1 [×10^x] [(−)] 2 [i] [M] [×] 2 [π] [CALC]

fx-JP500　「M=?」 → 1 [=] [=]　　答：(159154.9117∠−89.96399999°) Ω

fx-JP500　[=] 「M=?」 → 2 [=] [=]　　答：(79577.40871∠−89.92799992°) Ω

NOTE　EL-509T は，複素数モードで CALC 機能が使えません．一工夫して，メモリー M を活用します．

EL-509T　[deg] 1 [STO] [M] 1 [Exp] 2 [+] 1 [÷] [(] 1 [Exp] [(−)] 6 [i] [M] [×] 2 [π] [)] [+] 1 [Exp] [(−)] 2 [i] [M] [×] 2 [π] [=]

答：(159154.9117∠−89.96399999°) Ω

EL-509T　2 [STO] [M] [↑] [=]　　答：(79577.40871∠−89.92799992°) Ω

NOTE　インピーダンスの絶対値は，極形式で表示された複素数の絶対値です．

(2) 図 10.29

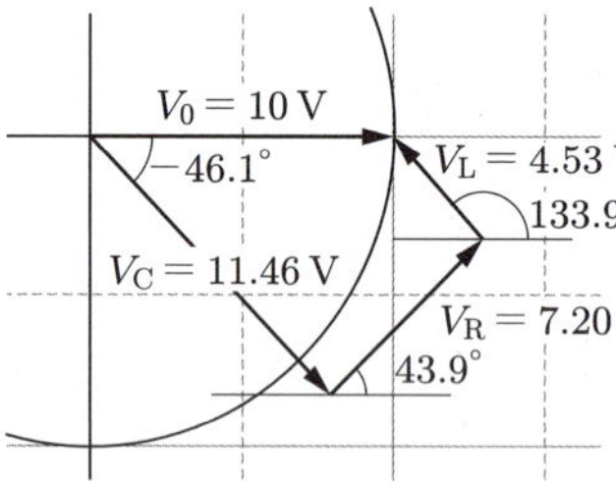

図 10.29

■ Step 1　1 kHz におけるインピーダンスを計算

fx-JP500　[deg] [=] 「M=?」 → 1 [×10^x] 3 [=] [=]

EL-509T　[deg] 1 [Exp] 3 [STO] [M] [↑] [=]

答：(138.8457334∠−43.92704013°) Ω

■ Step 2　回路に流れる電流を $I_0 = V_0/Z$ で求め，メモリー M に入れておく

共通　10 ÷ Ans STO M

答：$(0.07202237878\angle 43.92704013°)$ A ｜ $(0.072022378\angle 43.92704013°)$ A

■ Step 3　V_{C}，V_{R}，V_{L} は，それぞれ素子のインピーダンスと I_0 の積で求められる

● V_{C}

fx-JP500　▭ M ↓ 1 ×10^x (−) 6 i × 1 ×10^x 3 × 2 π =

EL-509T　M ÷ (1 Exp (−) 6 i × 1 Exp 3 × 2 π =

答：$(11.4627176\angle -46.07295987°)$ V

● V_{R}

fx-JP500　1 ×10^x 2 M =

EL-509T　1 Exp 2 M =

答：$(7.202237878\angle 43.92704013°)$ V

● V_{L}

fx-JP500　1 ×10^x (−) 2 i × 1 ×10^x 3 × 2 π M =

EL-509T　1 Exp (−) 2 i × 1 Exp 3 × 2 π M =

答：$(4.525299522\angle 133.9270401°)$ V

NOTE　V_{C}，V_{R}，V_{L} のベクトルを結ぶと，電源の電圧（10 V，位相角 0°）に一致します．すなわち，直列接続においては，回路の各素子の電位差を足したものが電源の電圧になるという**キルヒホッフの第二法則**が成立しています．

(3) 1591.549431 Hz

NOTE　関数電卓を手に取る前に考えてみましょう．回路のインピーダンスは，

$$Z = R + \frac{1}{i\omega C} + i\omega L \tag{10.48}$$

です．ここで，L と C のインピーダンスはどちらも純虚数で，しかも符号が逆であることに気づきます $(1/i = -i)$．一方，回路のインピーダンスの絶対値は，$\sqrt{\mathrm{Re}(Z)^2 + \mathrm{Im}(Z)^2}$ で，$\mathrm{Re}(Z) = R$ は定数ですから，$\mathrm{Im}(Z) = 0$ のときにインピーダンスの絶対値は極小値をとります．すなわち，

$$\frac{1}{\omega C} = \omega L \rightarrow \omega = \sqrt{\frac{1}{LC}} \tag{10.49}$$

です．式 (10.49) を計算すれば，インピーダンスの極小を与える角周波数が得られます．計算は複素数とは無関係なので，通常モードで行います．

fx-JP500　√▭ ▭ 1 ↓ 1 ×10^x (−) 2 × 1 ×10^x (−) 6 = ÷ 2 π =

EL-509T　√ a/b 1 ↓ 1 Exp (−) 2 × 1 Exp (−) 6 = ÷ 2 π =

(4) 727.0997582 Hz，3483.744235 Hz

NOTE　複素数の問題は，図式的に考えると直感的に理解できます．図 10.30 は回路のインピーダンスを実部，虚部に分け，矢印で表したものです．図のように，$(Z_{\mathrm{C}} + Z_{\mathrm{L}}) = \sqrt{3}R$ のとき，インピーダンスの絶対値が最小値 (R) のちょうど 2 倍になります．そのような $(Z_{\mathrm{C}} + Z_{\mathrm{L}})$ は正・負それぞれ一つずつあり，

$$-\frac{1}{\omega C} + \omega L = \pm\sqrt{3}R \tag{10.50}$$

を満足します．これは，ω についての 2 次方程式になり，解の公式を使って解けば，

$$\omega = \frac{\pm\sqrt{3}R \pm \sqrt{3R^2 + 4L/C}}{2L} \tag{10.51}$$

を得ます．ω が正の実数である，という条件より，以下の解のみが意味をもちます．

$$\omega = \frac{\pm\sqrt{3}R + \sqrt{3R^2 + 4L/C}}{2L} \tag{10.52}$$

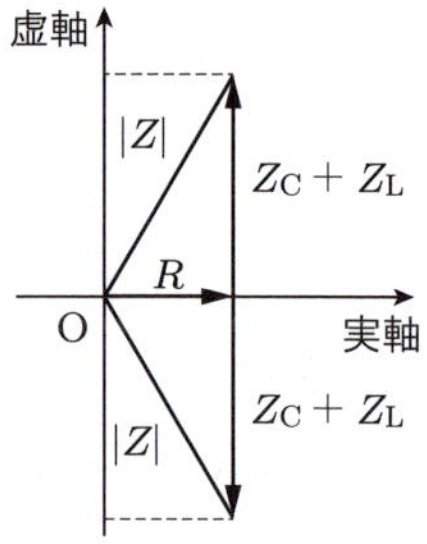

図 10.30

あとは，関数電卓で計算です．計算は通常モードで行います．ω を周波数に換算するため，2π で割るのを忘れずに．

fx-JP500　[▤] [√■] 3 [→] [×] 100 [+] [√■] 3 [×] 100 [x^2] [+] 4 [×] 1 [×10^x] [(−)] 2 [÷] 1 [×10^x] [(−)] 6 [↓] 2 [×] 1 [×10^x] [(−)] 2 [×] 2 [π] [=]

EL-509T　[a/b] [√] 3 [→] [×] 100 [+] [√] 3 [×] 100 [x^2] [+] 4 [×] 1 [Exp] [(−)] 2 [÷] 1 [Exp] [(−)] 6 [↓] 2 [×] 1 [Exp] [(−)] 2 [×] 2 [π] [=]

答：3483.744235 Hz

共通　[→] [→] [(−)] [=]

答：727.0997582 Hz

参考文献

[1] 川田忠樹著,「吊橋の設計と施工」(理工図書出版社 1965), pp. 183–187.

[2] R. サーウェイ著, 松村博之訳,「科学者と技術者のための物理学 Ib」(学術図書出版 1995), p. 310.

[3] E. マオール著, 好田順治訳,「素晴らしい三角法の世界」(青土社 1999), p. 27.

[4] C. R. ワイリー著, 富久泰明訳,「工業数学〈上〉」(ブレイン図書出版 1962), pp. 178–182.

[5] Thomas Widner *et al.*, "Final report of the Los Alamos Historical Document Retrieval and Assessment (LAHDRA) Project," (2010), Chap. 10, pp. 27–28.

[6] Scott Manning, "Year-by-Year World Population Estimates: 10,000 B. C. to 2007 A. D," http://www.scottmanning.com/content/year-by-year-world-population-estimates/

[7] W. Dunham 著, 黒川等訳,「オイラー入門」(丸善出版, 2012), p. 35.

[8] 荒川久幸他,「透明度深における透明度板のコントラストについて」, 日仏海洋学会学術研究発表会, 2005.

[9] 富永健他,「放射化学概論」(東京大学出版会 1983), pp. 172–174.

[10] 岡村定矩,「天文学への招待」(朝倉書店 2001), p. 4.

[11] 竹内敬人,「化学の基礎」(岩波書店 1996), pp. 156–157.

[12] 「地震の辞典」第二版 (朝倉書店 2010), p. 283.

[13] ブリタニカ国際大百科事典 (ティービーエス・ブリタニカ 1991) 3 巻, pp. 536–554.

[14] 最相葉月,「絶対音感」(図書印刷 1998), pp. 175–177.

[15] 小出昭一郎,「量子力学のはなし」(東京図書, 1983), p. 48.

[16] 吉田武,「オイラーの贈物—人類の至宝 $e^{i\pi} = -1$ を学ぶ—」(海鳴社, 1993), pp. 201–203.

[17] 小川洋子,「博士の愛した数式」(新潮社 2005), pp. 195–198. ※通読をお勧めします.

[18] C. R. Wylie, 富久泰明訳,「工業数学〈上〉」(ブレイン図書出版 1962), p. 164.

[19] 遠藤雅守,「土地家屋調査士試験のための関数電卓パーフェクトガイド」(とりい書房 2012), pp. 219–245.

索　引

英数字

あ　行

か　行

■ さ 行

■ た 行

■ な　行

■ は　行

■ ま　行

■ や　行

■ ら　行

著 者 略 歴
遠藤　雅守（えんどう・まさもり）
1965 年　東京都に生まれる
1988 年　慶應義塾大学理工学部電気工学科卒業
1993 年　慶應義塾大学理工学研究科後期博士課程修了
1993 年　三菱重工業（株）入社
2000 年　東海大学理学部物理学科専任講師
2004 年　東海大学理学部物理学科助教授
2011 年　東海大学理学部物理学科教授
現在に至る
博士（工学）

編集担当　宮地亮介（森北出版）
編集責任　上村紗帆（森北出版）
組　　版　ウルス
印　　刷　丸井工文社
製　　本　　同

大学生・エンジニアのための
関数電卓活用ガイド

2018 年 9 月 28 日　第 1 版第 1 刷発行
2023 年 10 月 18 日　第 1 版第 4 刷発行

著　　者　遠藤雅守
発 行 者　森北博巳
発 行 所　**森北出版株式会社**
東京都千代田区富士見 1–4–11（〒102–0071）
電話 03–3265–8341／FAX 03–3264–8709
https://www.morikita.co.jp/
日本書籍出版協会・自然科学書協会　会員
JCOPY ＜(一社) 出版者著作権管理機構 委託出版物＞

落丁・乱丁本はお取替えいたします.

Printed in Japan／ISBN978–4–627–09681–3

MEMO

MEMO

MEMO

MEMO

MEMO

覚えておくと役に立つ近似式

1. θ が 0 に近いとき，$\sin\theta \approx \theta$，$\tan\theta \approx \theta$　（ただし，角度はラジアン）
2. ax が 0 に近いとき，$e^{ax} \approx 1 + ax$
3. 1 に比べ x が小さいとき，$(1+x)^n \approx 1 + nx$

   例：$(1+x)^2 \approx 1+2x$，　$\sqrt{(1+x)} \approx 1 + \frac{1}{2}x$，　$\frac{1}{\sqrt{(1+x^2)}} \approx 1 - \frac{1}{2}x^2$

4. $\log(2) \approx 0.3$，$\log(5) \approx 0.7$．したがって，$10^{2.3} \approx 200$，$10^{2.7} \approx 500$.

入力の省力化テクニック

1. 「$\frac{1}{2}$」と打つ代わりに「.5」と打つ．「$0.x$」の「0」は省略できる．
2. イコールキー直前の閉じ括弧は省略できる．とくに，開き括弧が自動で現れる fx-JP500 では有効．
3. 乗算記号 [×] は，通常の文字式のように省略できる．

   ■ 例：$2 \times (3+4)$

   共通 ▶ 2 [(] 3 [+] 4 [=]

4. 分数の入力は，たとえば $\frac{3}{2}$ なら 3 [$\frac{\square}{\square}$] 2（fx-JP500），3 [a/b] 2（EL-509T）と打つことができる．
5. ラストアンサーキー [Ans] は特定の条件で省略できる．とくに，[Ans] が裏にある EL-509T では有効だが，省略できる条件に注意のこと．

   ■ 例：cos(Ans)

   共通 ▶ [cos] [=]